U0045825

Enjoy the Local Dishes of Night Market with iPad.

Rose 邱湘涵——著

用iPad電繪夜市美食

Rose的療癒Procreate插畫課

用電繪呈現手繪般的溫度與感動

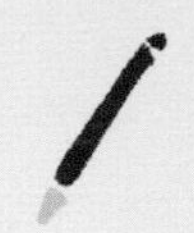

七年前，我原本是一位從事行銷業的上班族，雖然工作的內容與畫畫無關，但我非常熱愛利用下班時間鑽研畫畫，描繪我熱愛的美食和旅遊景點。沒想到當時無意間在 IG 分享的美食插畫作品，開啓了我的插畫接案之路。

經過這些年，現在的我成爲一位自由插畫家、畫畫老師、美食部落客以及旅遊作家，帶著我的畫具遊歷了超過二十個國家；很開心可以透過這份工作分享插畫的美好，也希望讓更多人能夠和我一樣，享受插畫的美好與繪畫的樂趣。

我最喜歡使用的畫具是色鉛筆和 Procreate，這兩種畫具都能呈現出柔和又溫暖的風格，很適合用來描繪生活中的美食與可愛小物。許多學員在上了我開設的色鉛筆課程後，接著參加 Procreate 課程，他們很雀躍地和我分享「原來手繪和電繪的過程可以這麼療癒！」

當然也有許多從來沒學過畫畫的初學者朋友來參加 Procreate 課程，他們從一開始害怕下筆，到實際繪畫完後，驚喜地說出：「一直覺得自己沒有畫畫天份，原來我也可以用 iPad 畫出這麼有溫度的作品！」這些回饋都讓我感到非常幸福，很開心能讓更多人喜歡上畫畫。

自從 2019 年搬來越南生活後，我時常想念台灣的道地美食，也因而選定了本書的主題「夜市小吃」，相信書中收錄的經典料理也是大家記憶中最療癒、最熟悉的滋味。希望大家可以一邊回味這些溫暖的台式古早味美食，一邊享受親手繪製它們的樂趣！

Rose ♡

目錄

什麼是 Procreate ？帶你認識超好用的插畫軟體 Procreate

chapter 2

療癒夜市美食，跟著學輕鬆畫

附錄｜

500cc
木瓜牛奶

Chapter 1

什麼是 Procreate ？
帶你認識超好用的插畫軟體 Procreate

Rose的畫具介紹

歡迎來到Procreate的繽紛世界！非常開心可以一起體驗使用iPad創作的樂趣。以下會介紹我用來電繪的畫具，提供大家在尋找適合的畫具時做參考。

・iPad

我用的是11吋iPad Pro，容量128gb，我最常畫單幅美食和Q版迷你小物，所以這個尺寸很夠用，但如果喜歡繪畫精細的建築物或是大幅風景畫，推薦選擇更大的尺寸，會比較好刻畫細節。

・可搭配iPad使用的Apple Pencil

我使用的是第二代Apple Pencil，因爲第二代和我的11吋iPad相容。目前Apple Pencil有第一代和第二代兩種選擇，普遍評價是第二代使用更便利。購買Apple Pencil前，先到Apple官網確認購買的筆是否和自己的iPad相容，才能順利搭配使用喔。

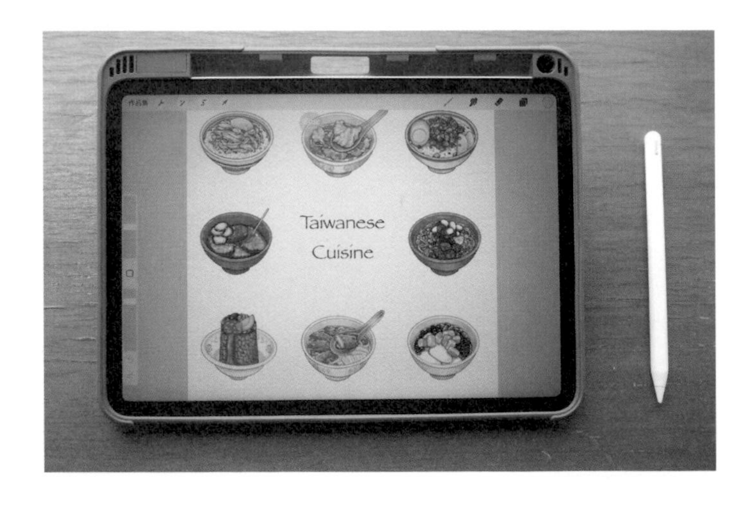

什麼是 Procreate

Procreate 是一個專門爲 iPad 和 Apple Pencil 使用者設計的數位繪圖應用程式，是 Apple 裝置專屬的付費 app，價格約新台幣 NT$330 元，一次性買斷，下載後可無限期使用。以內建功能豐富度來說，是一款 CP 值頗高的創作工具。

十年前剛開始創作時，我是用色鉛筆來繪畫，我很喜歡傳統媒材呈現出來的溫暖質感，Procreate 裡有很多很接近色鉛筆、水彩和粉彩的筆刷，能透過電子設備模擬畫出帶有手繪感的插圖，對創作者來說是件非常棒的事，也讓繪畫變得更便利。有了 Procreate，不論是窩在沙發、旅途中或在咖啡廳，都能隨時拿起 iPad 畫出有溫度的插畫。

建立新畫布

打開 Procreate，第一步按右上角的「+」鈕建立新畫布，Procreate 有許多內建的尺寸供創作者選擇。可以選擇內建尺寸，或是按「+」鈕正下方的，依自己的創作習慣和插畫用途來自訂畫布。

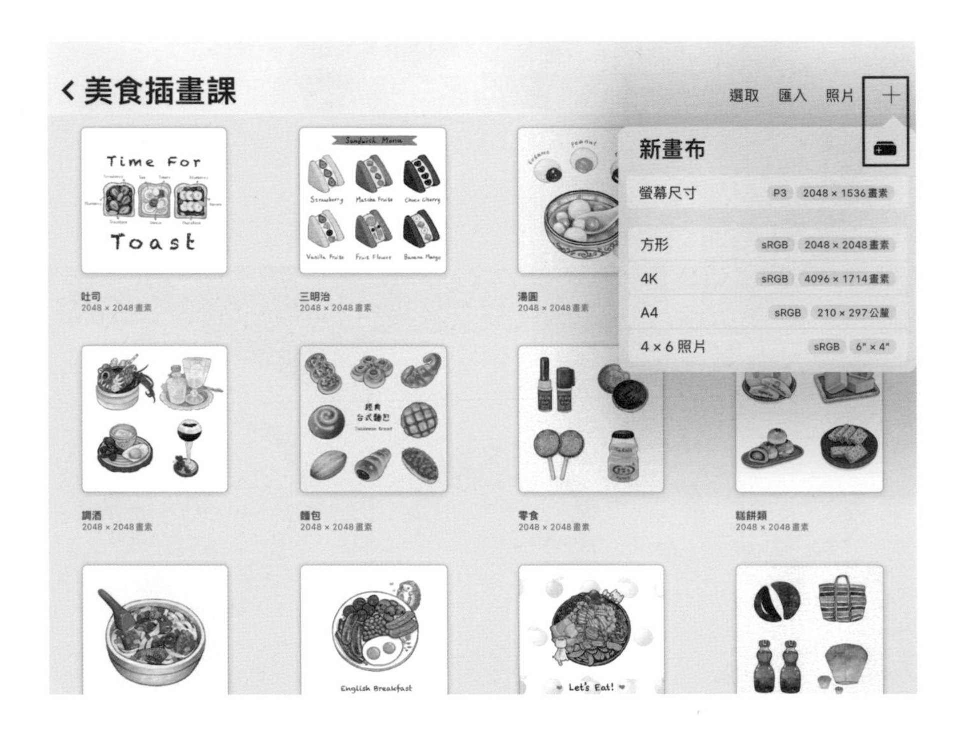

我的作品主要發佈在 Instagram 和 Facebook，所以我會設定適合發佈在兩個平台，2048×2048px 正方形尺寸的畫布，解析度（DPI）通常設定爲 300dpi，未來要用於網頁或印刷都沒問題。

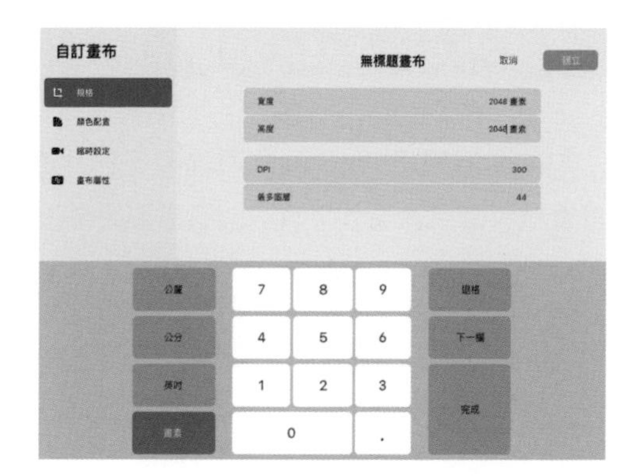

顏色配置有 RGB 和 CMYK 兩種選項，若創作前確定作品要作爲印刷使用，可選擇印刷專用的 Generic CMYK profile 模式，日後印刷成品色差會比較小。

我的插畫用於社群網站居多，所以大多選擇適用於螢幕的 RGB（sRGB IEC1966）模式來創作，要印刷時再用 Photoshop 轉成 CMYK 模式。

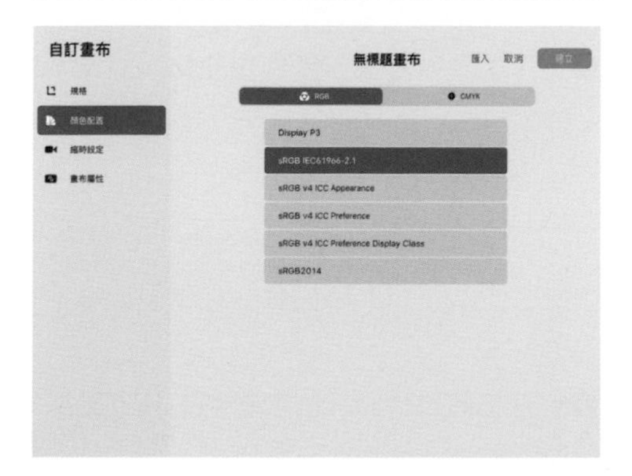

認識 Procreate 介面

剛開始使用 Procreate 可能找不到功能隱藏在哪裡，但只要慢慢了解和發掘，就會越來越喜歡這套工具，也會漸漸知道怎麼使用這些功能來發揮風格和創意！

❶上方工具列左側：包含作品集、操作、調整、選取、變形這 5 個按鈕，後面會再詳細說明功能。

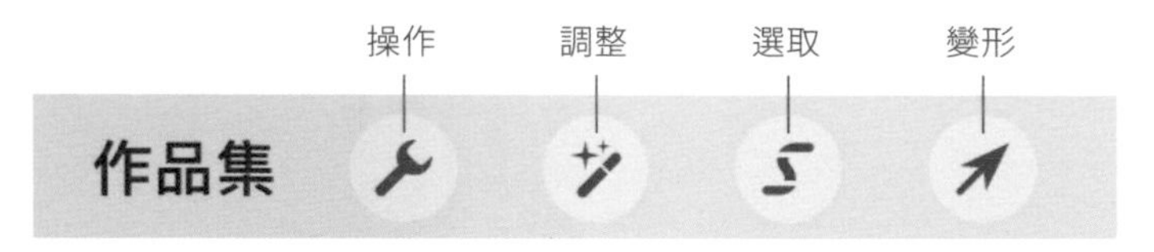

❷上方工具列右側：包含筆刷工具、塗抹工具、橡皮擦工具、圖層和顏色這 5 個按鈕，後面會再詳細說明功能。

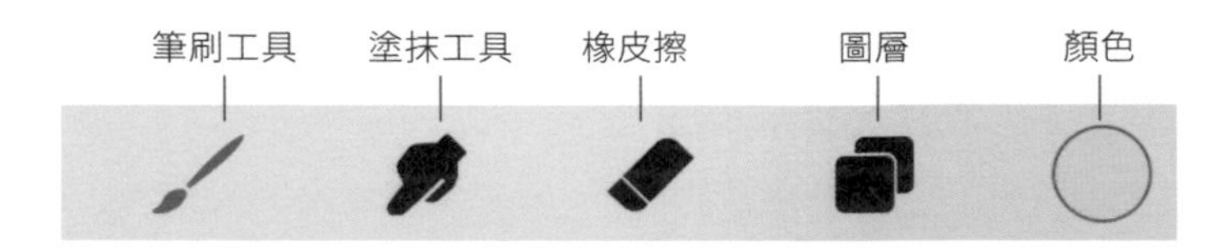

❸左方側欄：從上到下分別是筆刷尺寸滑桿、修改鈕 ▢ 、筆刷透明度滑桿、撤銷鈕（回到上一步）和重做鈕（重做下一步）。

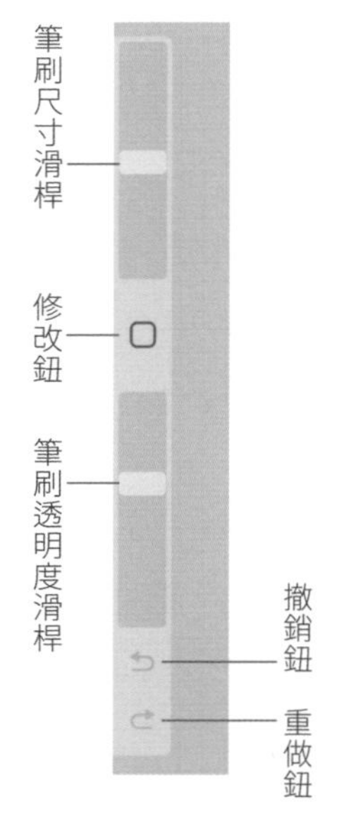

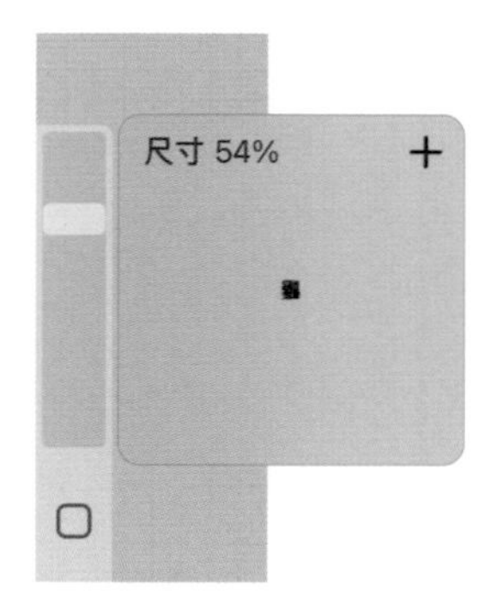

筆刷尺寸滑桿：
上下滑動會出現標示尺寸大小的方塊，便於使用者選擇適合的筆刷尺寸。

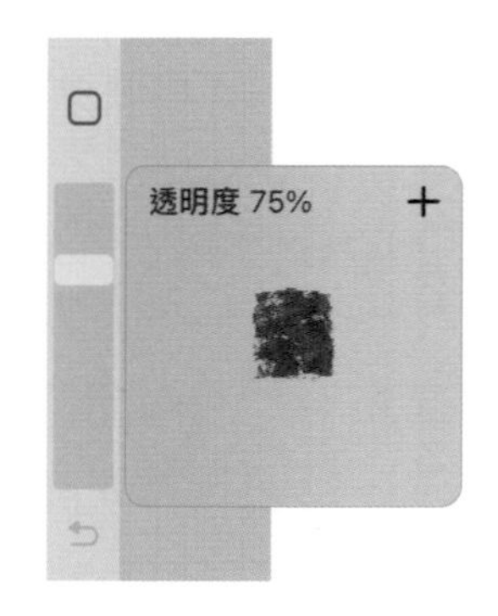

筆刷透明度滑桿：
上下滑動會出現標示透明度比例的方塊，便於使用者選擇適當透明度。

如果習慣用左手拿筆畫圖，可點選操作圖示的偏好設定，並開啓右側介面項目，即可把此側欄移到右邊。

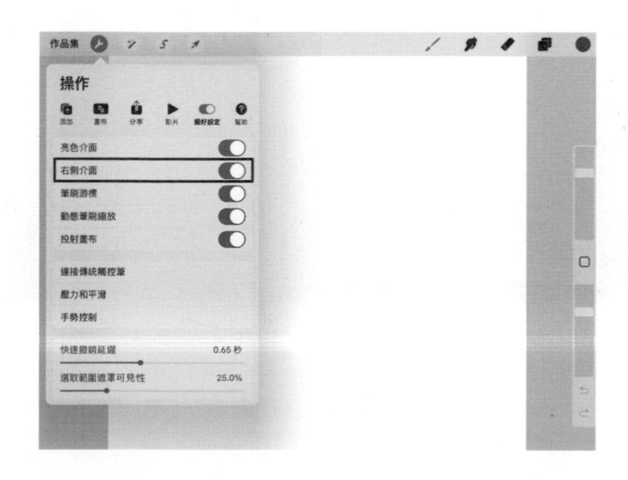

繪畫前的基本設定

開始繪畫前，先做好一些基本設定，不只幫助減少錯誤，甚至有助於繪畫，因此享受畫畫前，先讓我們一起看看哪些設定可以先完成吧。

・防止誤觸畫布

使用 apple pencil 繪畫時，手指可能不小心誤觸螢幕，若被判定爲筆跡，畫面上就會出現多餘的斑點和紋路，爲防止這種情形，可先透過以下步驟設定防止誤觸功能，這樣就算手指碰觸到螢幕，也不會在畫面上產生多餘線條。

設定步驟：

❶按操作圖示 → 偏好設定

❷手勢控制選項 → 一般

❸打開禁用按鍵行動

目前更新版 Procreate 已將「禁用按鍵行動」選項改爲「啓用手指繪圖」，只要關閉此選項功能，就不用擔心手指誤觸。

· 開啓螢幕錄影

Procreate 一個很方便的功能，會自動錄下所有繪畫過程，只要打開縮時記錄功能，作品完成後，就能看到完整的繪畫縮時，無論自己收藏或分享到社群上都是很棒的素材。

設定步驟：

❶按操作圖示 → 影片

❷打開縮時記錄

❸繪畫完後，按下匯出縮時影片即可儲存繪圖過程

· 開啓亮色介面

深色介面有時看久了眼睛容易感到疲累或反光，推薦大家調整成亮色介面，讓整體介面呈現淺灰色。

設定步驟：

❶按操作圖示 → 偏好設定

❷打開亮色介面功能

· **開啓參照功能**

這個功能便於將參考照片放在一旁觀察，不用看著手機照片或占用其他畫布空間。縮時錄影過程中不會將參照功能視窗錄進去，所以很方便隨時放大縮小仔細觀察照片細節。

設定步驟：

❶按操作圖示 → 畫布

❷打開參照功能

❸點擊圖像 → 匯入，置入參考照片

❹點擊畫布，可即時看到整張畫布的完整縮圖(打稿和上色時不需執行此步驟，如果繪製細節時希望看清楚插畫的全貌，可再依此步驟將畫面切換成畫布。)

圖層介紹

在紙上繪畫時，畫錯了不好修改，使用 Procreate 繪圖可以畫在不同圖層上，如同畫在很多張透明紙上，再將透明紙疊在一起，就是插畫的完整樣貌。圖層順序可自由調整，使用橡皮擦修改時不用怕擦到另一層，是讓繪畫過程更簡單、輕鬆的重要工具。

· 建立新圖層

點擊圖層上方的 + 按鈕，即可建立新圖層。每個人使用圖層工具的喜好和習慣不同，建議剛開始練習時，把草稿、線稿、底色、陰影、高光與質感分別繪製在不同圖層以便修改，若擔心畫錯圖層，點擊圖層並點選重新命名，將圖層改名就能提醒自己每個圖層的內容。

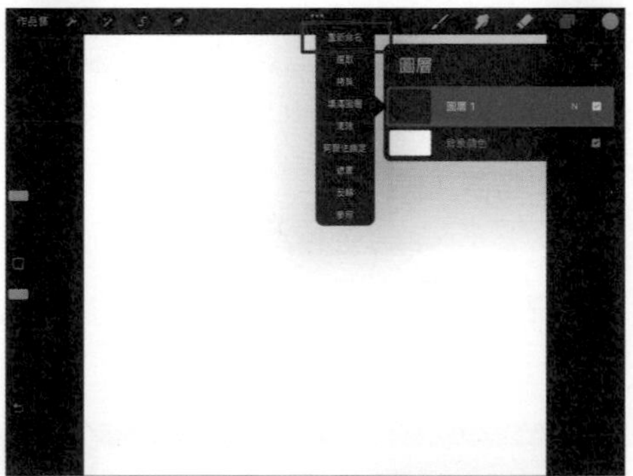

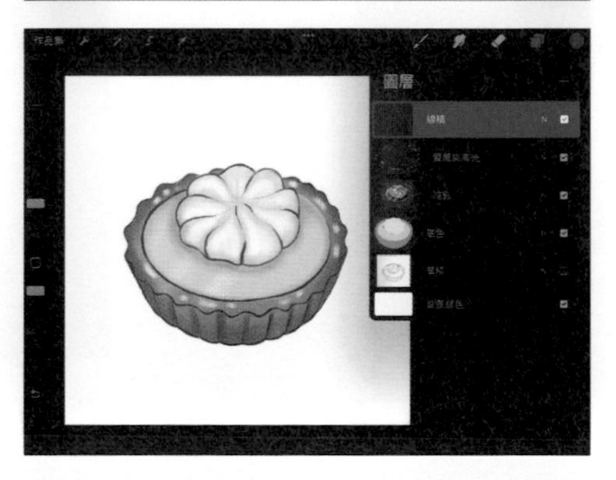

· 背景顏色圖層

畫布背景顏色預設爲白色，想更換顏色，點擊背景顏色圖層即可更換。如果希望這張圖是無背景顏色的透明圖檔，將右側打勾取消，即可隱藏背景顏色圖層。

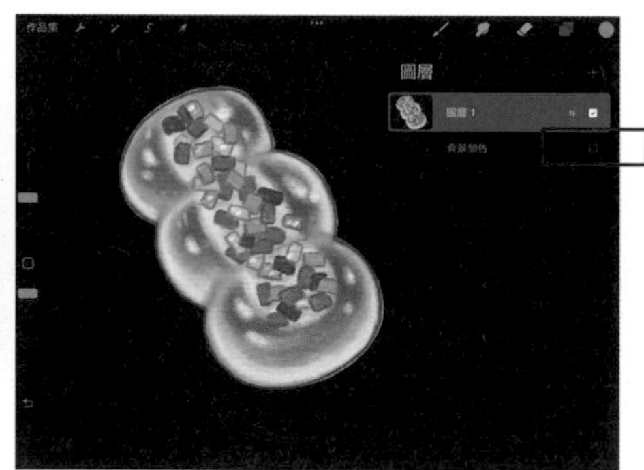

· 插入檔案或照片

❶點選左上角扳手操作 → 添加 → 插入一張照片

❷點選照片檔案即可匯入畫布，置於目前選擇的圖層中

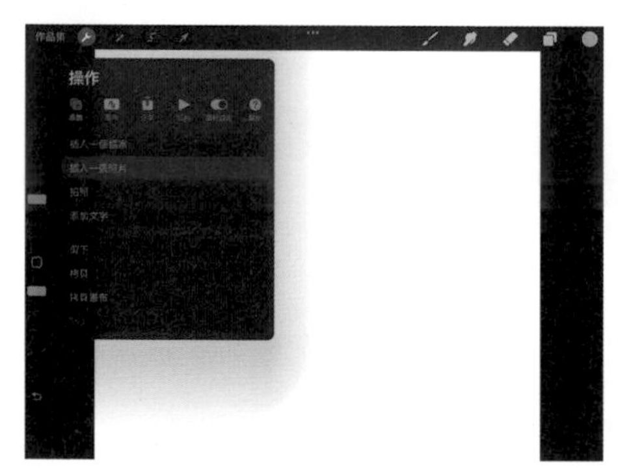

· 圖層管理與調整

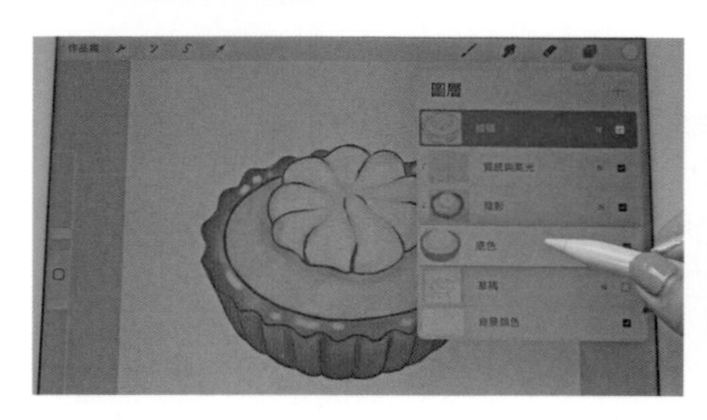

移動圖層：

長按住想要移動的圖層後拖曳，即可將圖層往上層或下層自由移動。

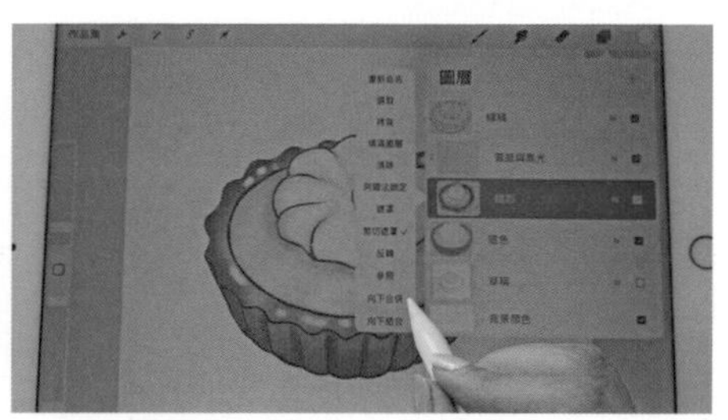

合併圖層：

點選圖層並點擊**向下合併**，即可將兩個圖層合為一個。合併後可讓圖層數量變少，較好管理，但就無法分層修改編輯，建議先確認之後不會想分層修改再合併。

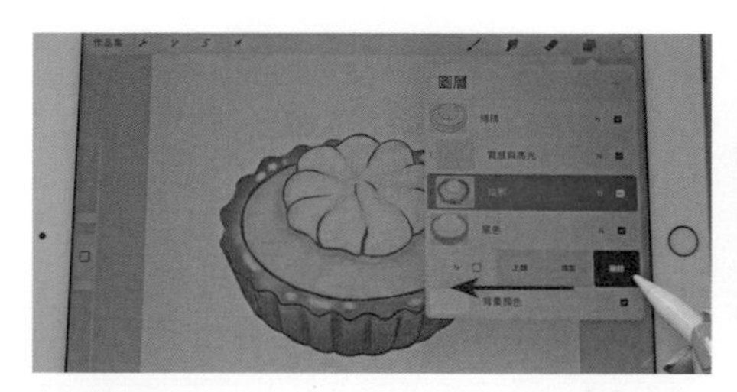

刪除圖層：

將圖層向左滑，點選**刪除鈕**，即可刪除整個圖層。

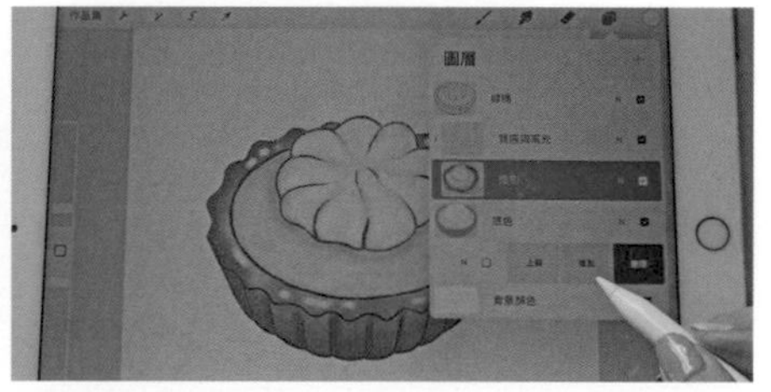

複製圖層：

圖層向左滑，點選**複製鈕**，可複製該圖層，建議複製的圖層重新命名以免混淆。

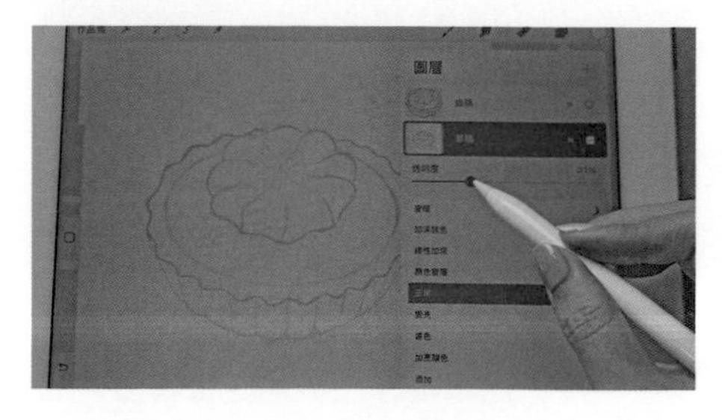

調整圖層透明度：

點擊圖層上的 N，叫出透明度滑桿，即可調整透明度。

手勢介紹

使用 Procreate 繪畫時，搭配手勢來輔助操作，可使繪畫流程更順暢、快速。

手勢 1： 撤銷與重做

對繪製內容不滿意，可用撤銷（Undo）回到上一步，及重做（Redo）來執行下一步。除了點擊左方側欄的撤銷鈕和重做鈕，也可使用以下手勢操作。

撤銷手勢：
用兩根手指點擊畫布（長按住螢幕即可加速撤銷多個步驟）

重做手勢：
用三根手指點擊畫布（長按住螢幕即可加速重做多個步驟）

手勢 2： 拷貝 & 貼上選單

在螢幕上任一處用三根手指往下滑動，即可叫出拷貝 & 貼上選單 ，下個單元會分享如何使用這個選單。

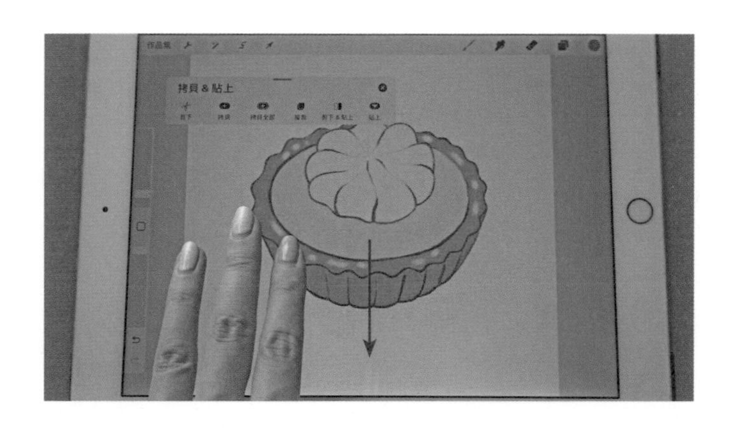

手勢 3： 快速合併圖層

圖層數量是有上限的，圖層越多越容易混淆；如果確定之後不會再分層修改，便可將多個圖層快速用兩指捏合在一起，即可合併爲一個圖層。

基本操作

‧快速繪圖形狀工具

如果不希望線條抖抖的或形狀歪歪的，只要使用快速繪圖形狀工具 ，就可以輕鬆快速畫出想要的線條與形狀。我在繪製較工整的風格時經常使用這個工具，若想呈現更多手繪質感，可斟酌減少使用，這樣才不會讓插圖線條太僵硬。

｜繪畫直線與弧線｜

任選一枝筆刷，在畫布上畫完直線和弧線後，筆尖**在螢幕上停留幾秒**不要離開，直線會自動修正成筆直的線條，弧線也會變得非常滑順。

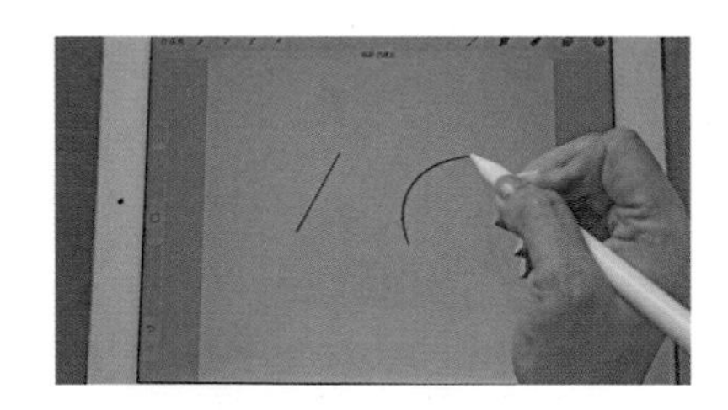

｜繪畫基本形狀｜

除了線條，這個功能還可以用來繪製圓形、橢圓形、方形和三角形。操作方法一樣，在繪畫完形狀後，筆尖**在螢幕上停留幾秒**不要離開，形狀會自動修正成工整的樣子。

形狀修正完畢，筆尖離開螢幕後，畫布上方會出現一條**編輯形狀橫欄**，讓你選擇想修正的確切形狀，例如畫的是接近四邊形的形狀，會出現四邊形、正方形和長方形這幾個**選項按鈕**供你選擇。

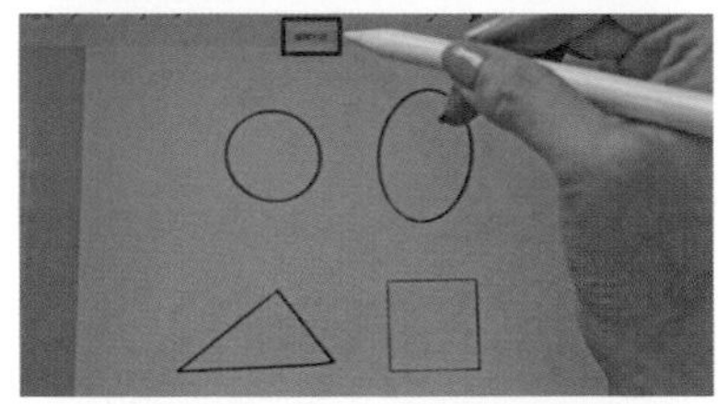

· 選取功能

點擊畫布上方的 S 圖示 ，螢幕底部就會出現選取功能面板，可以選用任一個模式來選取特定範圍，這個功能可以加速創作流程，讓移動和複製某些元素更便利。

自動：

筆尖點在插畫顏色最深的地方，往右拖曳到整個插畫都變色後，筆尖離開螢幕。點選上方 S 圖示右邊的箭頭變形工具 ，即可自由移動選取的範圍。

徒手畫：

這個模式可隨心所欲圈出想框起來的範圍，就像用剪刀把想要的區塊剪下來，不用一筆畫到底，筆可暫時離開螢幕，再接著從剛才下筆處繼續圈選，完成後點選箭頭即可移動此範圍。

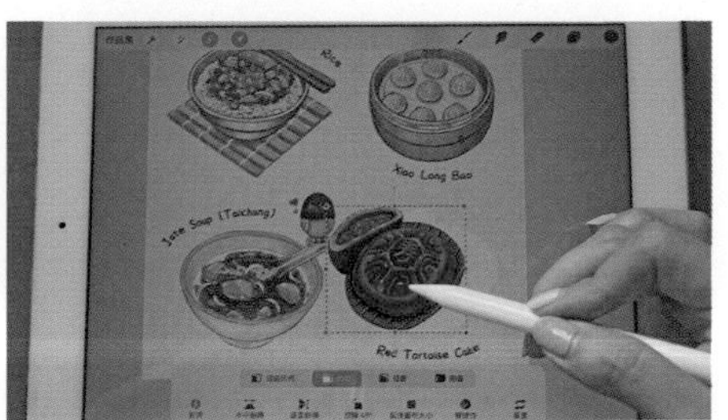

長方形：

使用此模式框出長方形的範圍並使用箭頭移動。

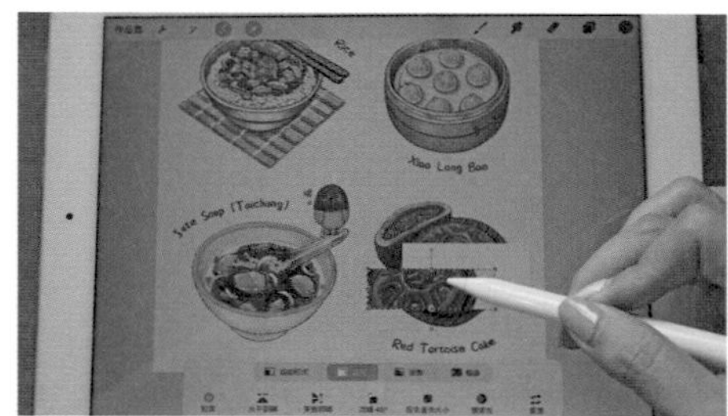

橢圓：

使用此模式框出橢圓形的範圍並使用箭頭移動。

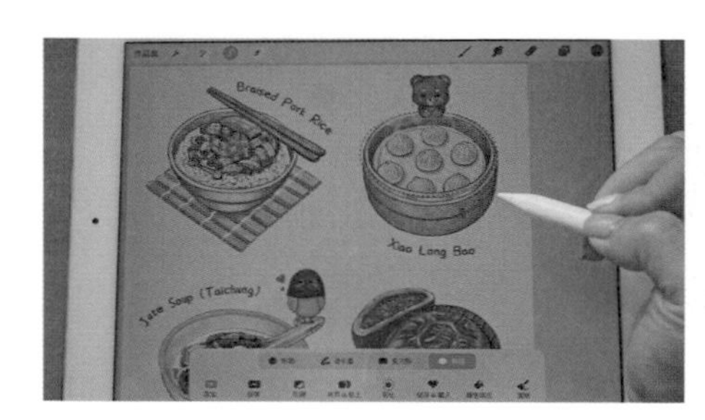

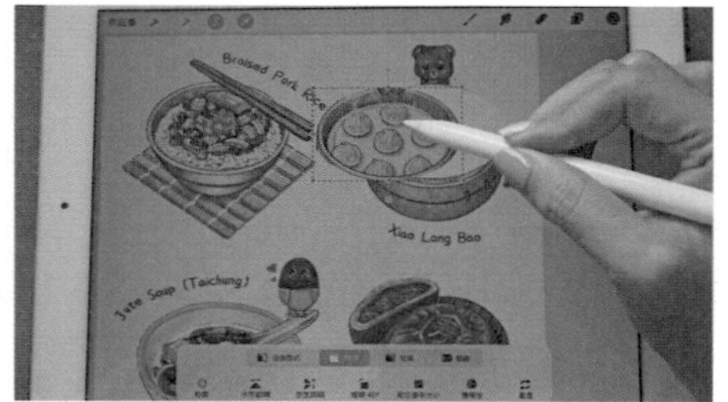

以上模式圈選範圍後，皆可搭配下方面板上的拷貝 & 貼上功能，將所圈選的範圍複製到新的圖層，並可搭配箭頭工具自由移動。

選取的長方形區塊會出現在新圖層上，接下來使用箭頭工具，即可自由移動拷貝的區塊。

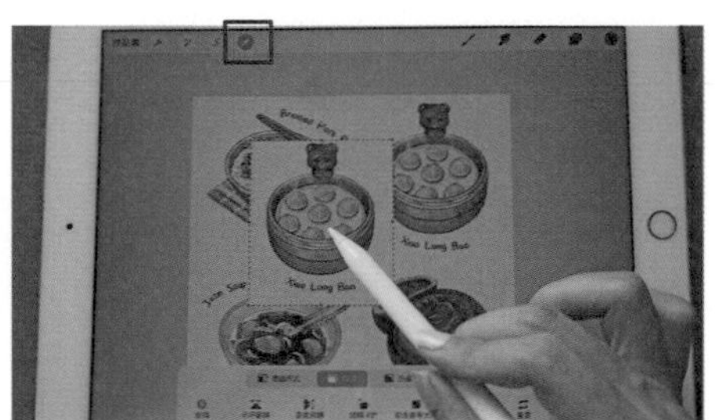

此外，也可用上個單元學到的三指往下滑手勢，叫出拷貝 & 貼上選單搭配使用。

剪下：剪下目前已選取的圖層或內容。

拷貝：拷貝目前已選取的圖層或內容，但不會自動貼到新圖層。

拷貝全部：拷貝整個畫布所有內容，但不會自動貼到新圖層。

複製：複製目前已選取的圖層或內容，並自動貼到新圖層。

剪下 & 貼上：剪下目前已選取的圖層或內容，並自動貼到新圖層。

貼上：拷貝或剪下內容後，按此鈕即可將內容貼到新圖層。

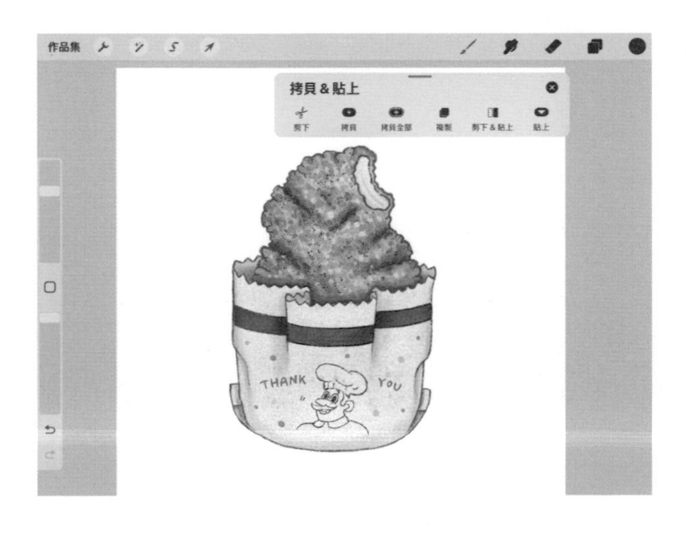

· 變形功能

點擊上方工具列的箭頭圖示 ，下方即會出現變形功能選項面板。

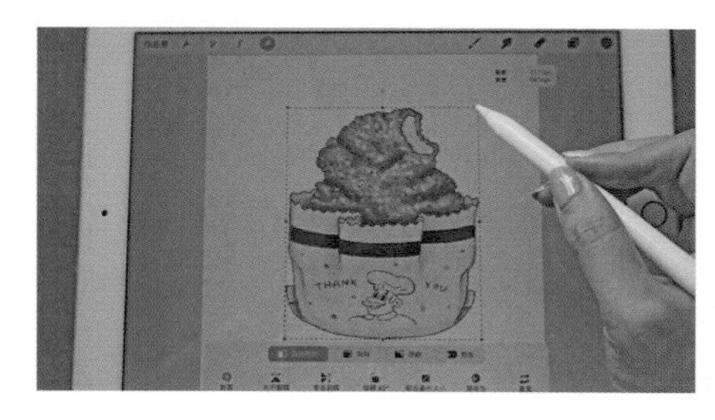

自由形式：
長寬高皆可自由調整，可以任意擠壓或拉伸物件。

均勻：
等比例放大縮小，長寬比例不會跑掉。

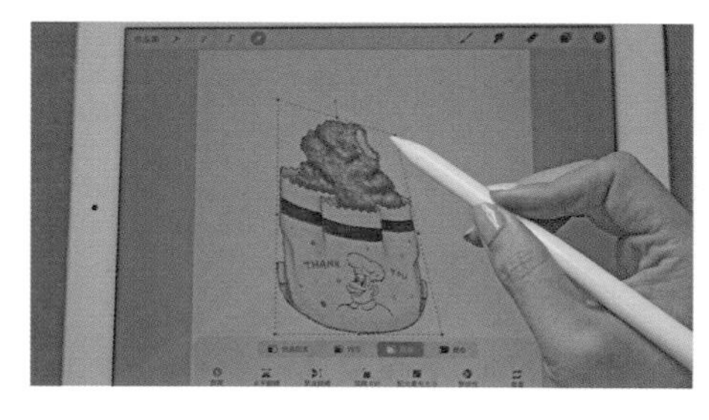

扭曲：
角度改變，可做出類似 3D 效果，模擬貼在盒子或牆面效果。

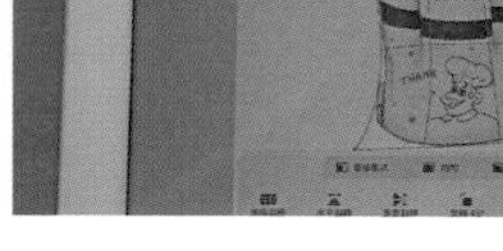

翹曲：
每個節點都可拖曳調整，任意彎折物件。

基本上色方法

Procreate 內建許多功能，可幫助大家快速且便利將物體塗上顏色。

我的上色步驟如下：

❶繪畫好線稿後，分不同圖層，使用色彩快填功能將色塊塗上底色。

❷使用阿爾法鎖定或是剪切遮罩功能，幫色塊加上陰影與立體感。

・底色－色彩快填

Procreate 非常方便的功能，可很快將一個封閉區塊填滿顏色，我通常使用這個功能來幫插畫塗好底色或快速配色，依照以下步驟即可快速完成。

❶畫一個封閉的形狀（必須使用完全沒有缺口或透明度的平滑筆刷，例如：畫室畫筆）。例如右圖的檸檬派派皮。

❷長按右上角的顏色，拖曳到派皮後放開，注意檸檬派皮不能有缺口，否則顏色會跑出去。

❸封閉形狀會被填滿顏色。

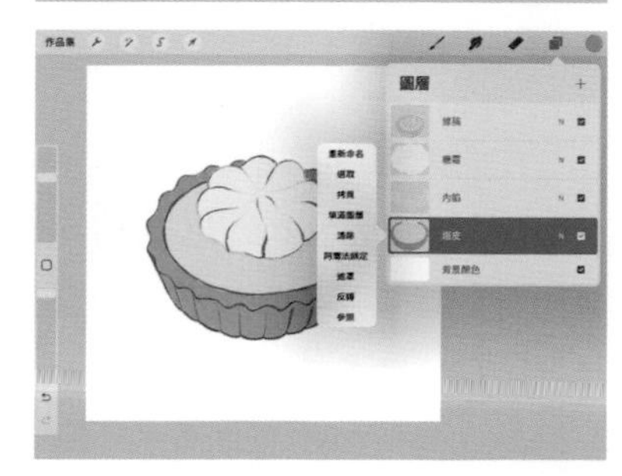

將顏色拉到封閉形狀裡，顏色會跑出畫布外，可檢查形狀是否有缺口、選的筆刷太粗糙（有縫隙）或筆刷帶有透明度，這些因素可能造成快填功能無法使用。

添加陰影方法 1 —

阿爾法鎖定（Alpha Lock）

優點：加入任何陰影細節，都不會塗出色塊限制範圍。

缺點：陰影細節和底色在同一圖層，較難修改。

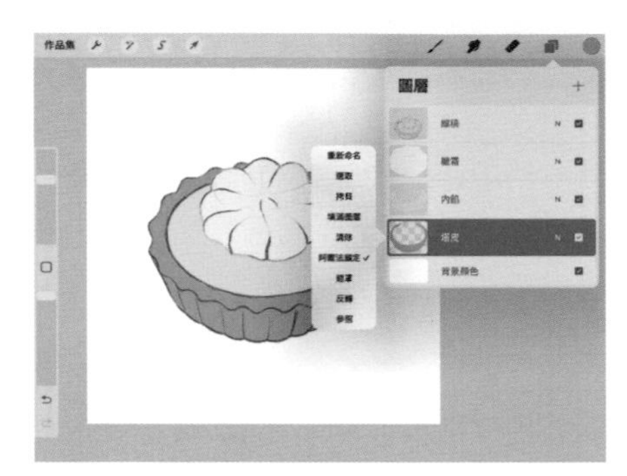

點擊塔皮底色圖層，選擇阿爾法鎖定，繪畫範圍會被限制在此圖層的色塊上，可以選擇柔和粉彩或噴槍等帶有質感的筆刷疊色，繪畫出色塊立體感。

添加陰影方法 2 —剪切遮罩

優點：加入任何陰影細節，都不會塗出底色圖層限制範圍，易於用橡皮擦修改，亦可直接清除或刪除整個圖層，推薦使用此方法替插畫加入陰影和立體感。

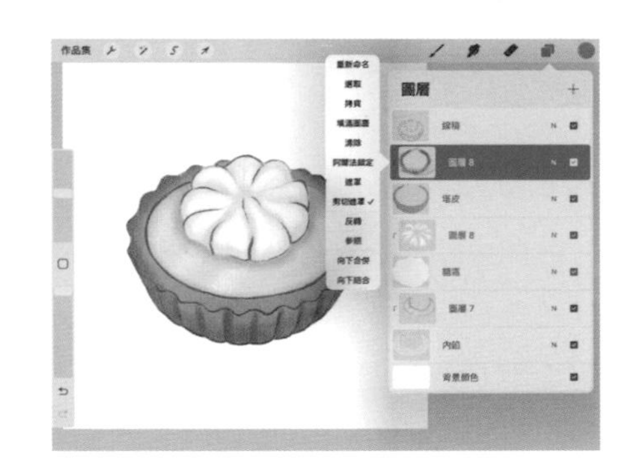

在底色圖層上方新增圖層，並點擊剪切遮罩（圖層旁會出現一個小箭頭），繪畫範圍會被限制在下方底色圖層的色塊上，和上一個方法呈現的效果相同，可選擇帶有質感的筆刷疊色，繪畫出色塊立體感。

筆刷工具 / 橡皮擦工具 / 塗抹工具

Procreate 最主要的三種繪畫工具——筆刷工具、橡皮擦工具和塗抹工具，這三種工具共用一個筆刷庫。

· 筆刷工具

點擊右上角筆刷圖示，可以叫出內建筆刷庫，其中有許多模擬繪畫媒材的筆刷，可一一嘗試，選出最喜歡的媒材。

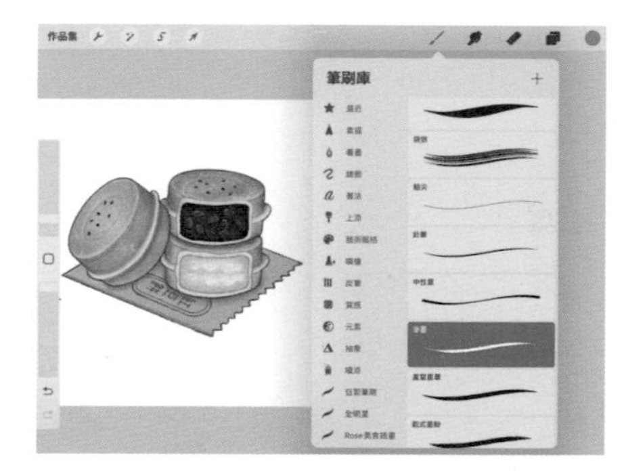

· 塗抹工具

點擊右上角手指圖示，即可選擇想搭配塗抹工具使用的筆刷。這個工具可將希望自然融合的顏色抹開，製造模糊色塊邊緣的效果。

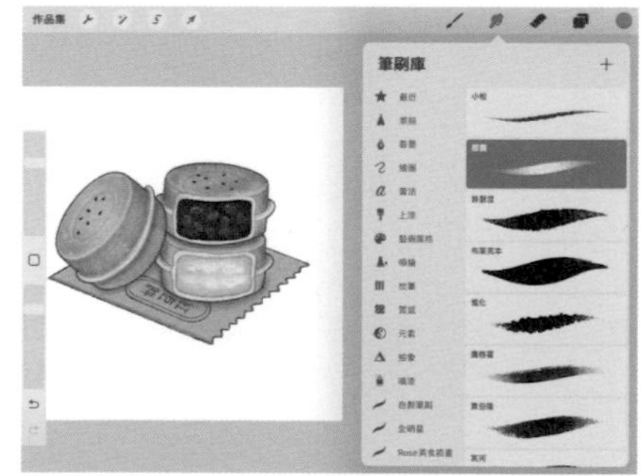

· 橡皮擦工具

點擊右上角橡皮擦圖示，即可選擇想搭配橡皮擦工具使用的筆刷。這個工具可擦除不想要的地方，搭配不同筆刷能讓被擦除的地方呈現不同質感。比如搭配噴槍，擦除的邊緣就會非常柔和。

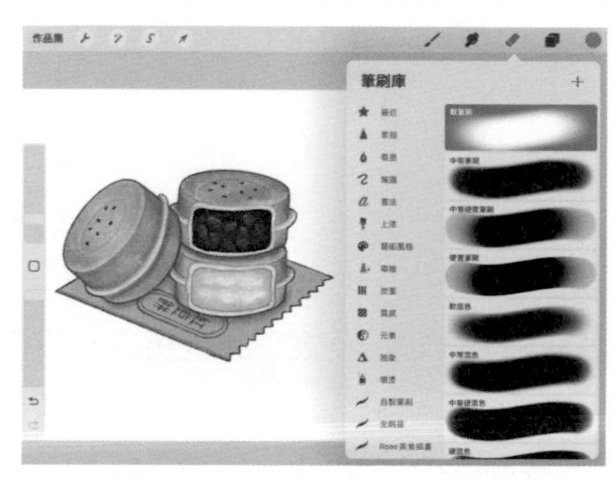

· 如何調整筆刷 / 塗抹工具 / 橡皮擦的尺寸和透明度

在繪畫過程中，可以一邊調整筆刷尺寸和透明度來呈現更好的效果，塗抹工具和橡皮擦工具也是依照以下方法來調整。

筆刷尺寸：調整左方側欄的上方滑桿，越往上筆刷尺寸越大。

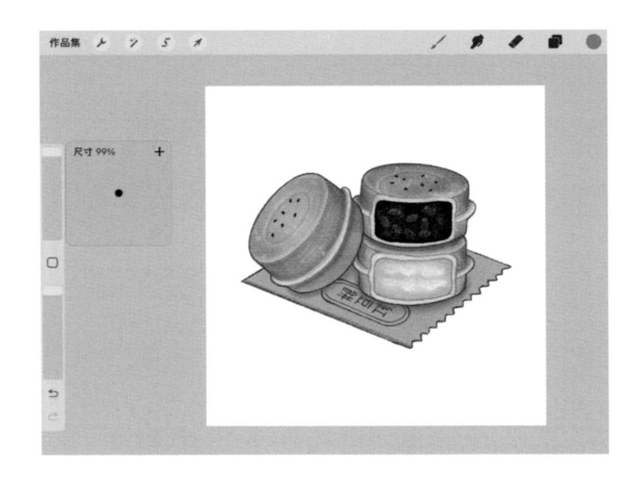

筆刷透明度：調整左方側欄的下方滑桿 ，越往上越不透明，越往下越透明。

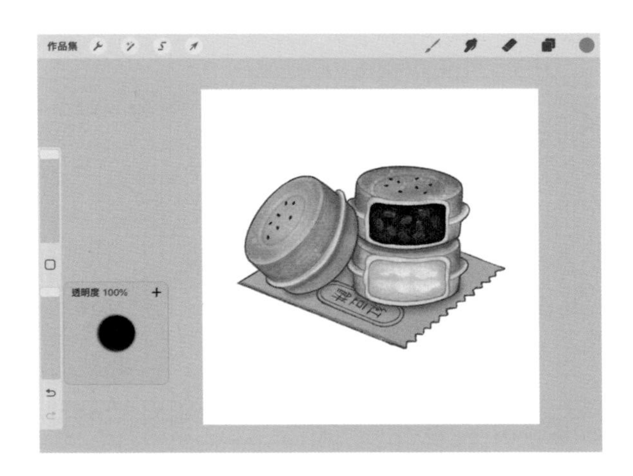

· 如何自訂筆刷組

在嘗試多款筆刷後，發現幾款特別喜歡的筆刷，希望之後更方便取用，可依以下步驟自訂筆刷組。

❶建立新的筆刷組：點擊筆刷清單頂部藍色的 + 圖示即可建立，替自訂的筆刷組重新命名，例如「美食常用筆刷」、「花卉常用筆刷」。

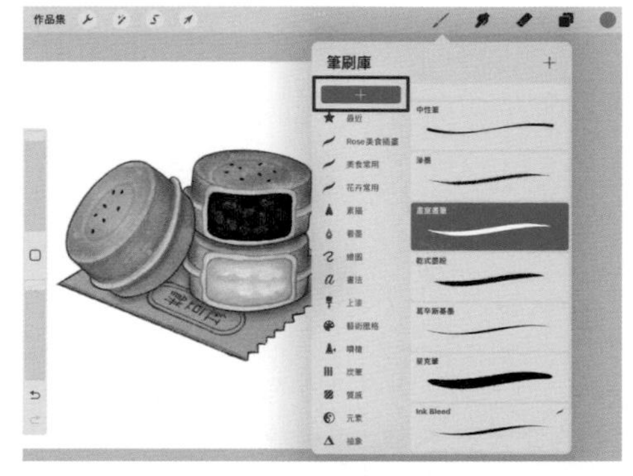

❷搬移筆刷：找到喜歡的單支筆刷後，長按住該筆刷，拖曳到自訂的筆刷組上停留幾秒，直到筆刷組閃爍並展開後，將筆尖移開螢幕，該筆刷就會放進自訂筆刷組。

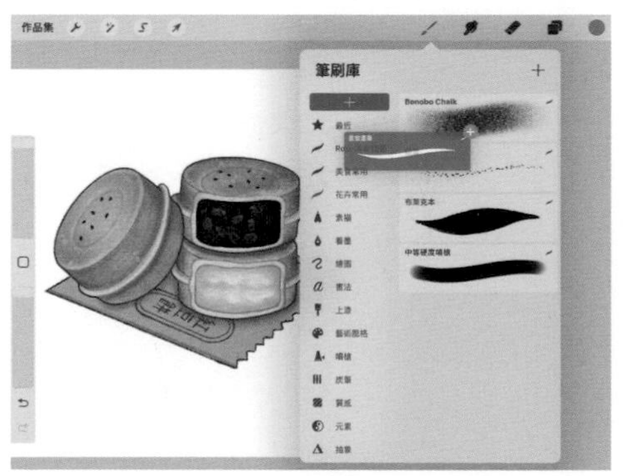

❸先複製再搬移：搬移筆刷時，有時會有移出原本的類別，找不到筆刷在哪裡的情形，建議在搬移前複製好該筆刷，將該筆刷往左滑並點擊複製鈕，再進行搬移。

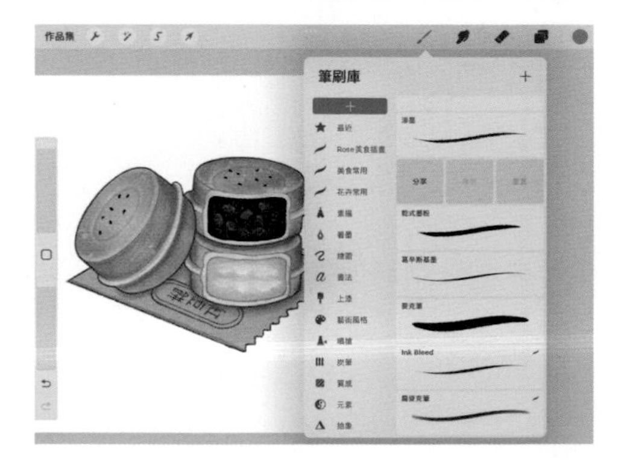

· 如何匯入其他筆刷組

本書中，將分享繪畫手繪風美食時，我最常使用哪些筆刷，大家可下載我自訂的筆刷組來練習。此外，也可用以下步驟下載 Procreate 推出的補充筆刷，或其他創作者分享、販售的筆刷組。

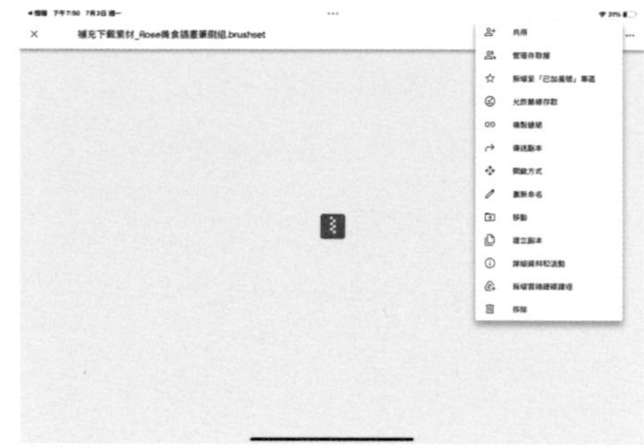

❶用 iPad 掃描此 QR Code，開啓 Google Drive 連結。

❷點擊 Rose 美食插畫筆刷組 → 選擇 ✥ 開啓方式 。

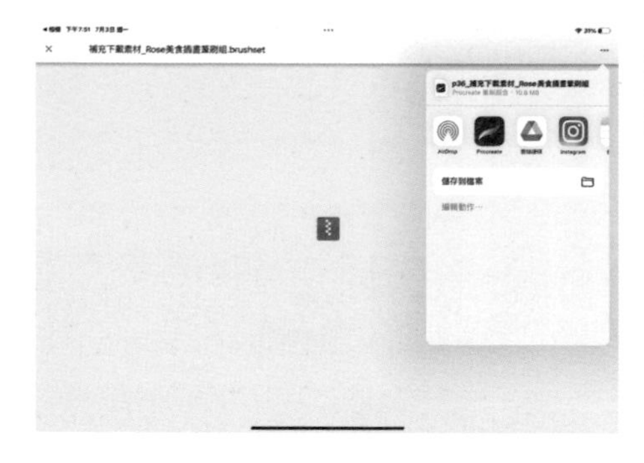

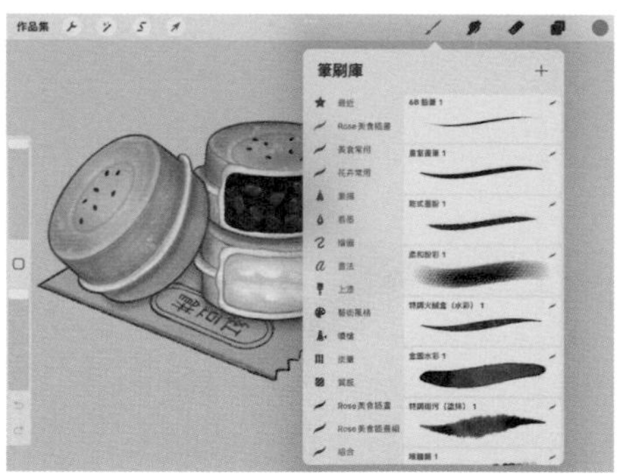

❸點選畫面上的 Procreate 標誌。

❹打開 Procreate 即可看到匯入的筆刷組出現在筆刷庫最上方。

Rose 自訂美食筆刷組

這組筆刷大部份是 Procreate 內建的筆刷，前面加上「特調」的是我微調過數值的筆刷，以下分享這些筆刷適合使用的方式與時機。

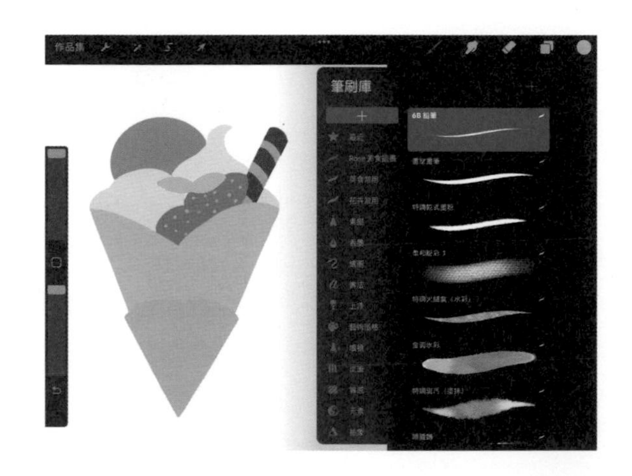

❶ 6B 鉛筆：繪製草稿與線稿，或是加入類似色鉛筆筆觸與高光等細節。

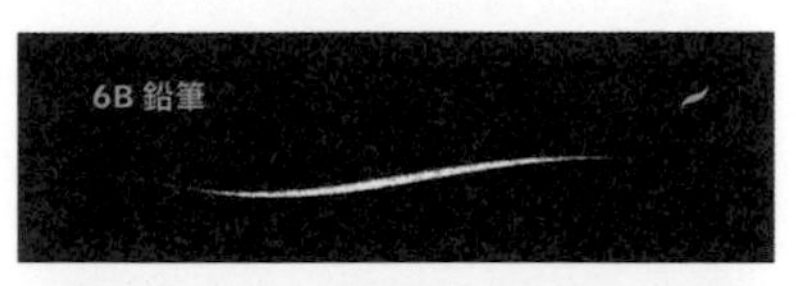

❷畫室畫筆：適合用來快速填滿色塊，色塊邊緣筆觸平滑流暢。

❸特調乾式墨粉：適合用來快速填滿色塊，筆觸邊緣帶有些許手繪感。

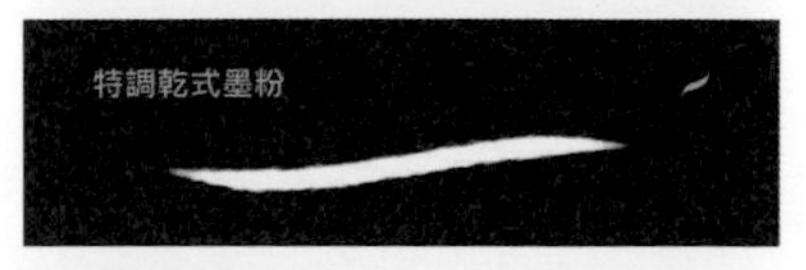

❹柔和粉彩：疊色畫出漸層明暗，讓色彩更豐富。

❺特調火絨盒：質感薄透，可呈現類似透明水彩的柔和顏色。

❻金圓水彩：可搭配火絨盒筆刷使用，在底色上持續加強疊色，繪畫出陰影。

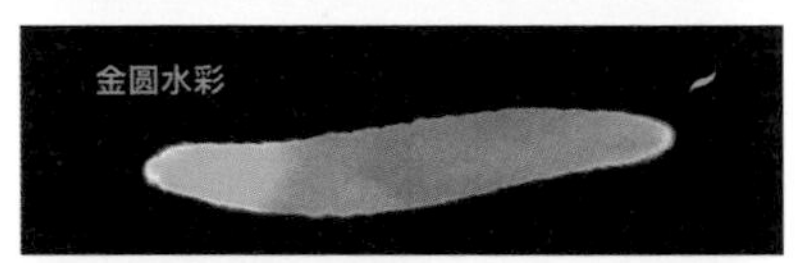

❼特調斑污：可搭配塗抹工具使用，類似加水將水彩顏色暈染開的效果。

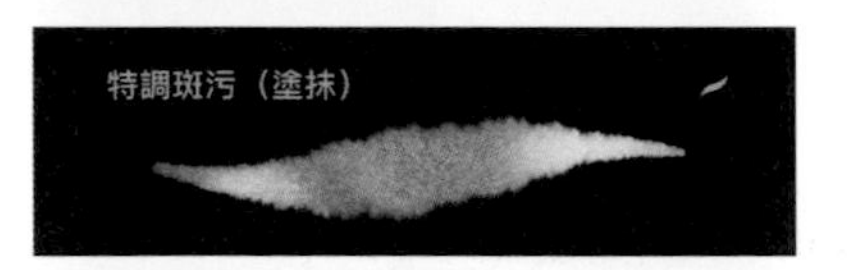

❽躁鐘鵲：增加插畫的紋理與特殊質感，讓插畫更有個人風格。

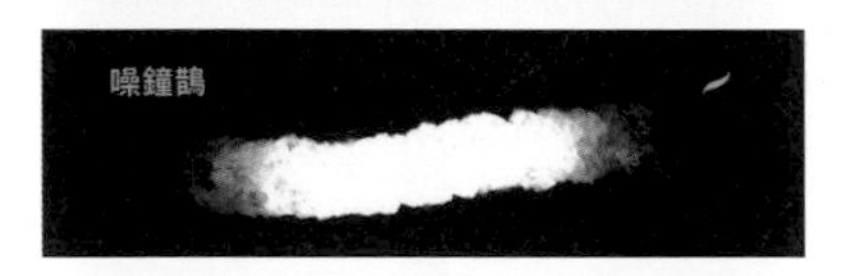

❾ 6B 壓縮炭筆：增加插畫紋理質感，讓插畫更有個人風格。

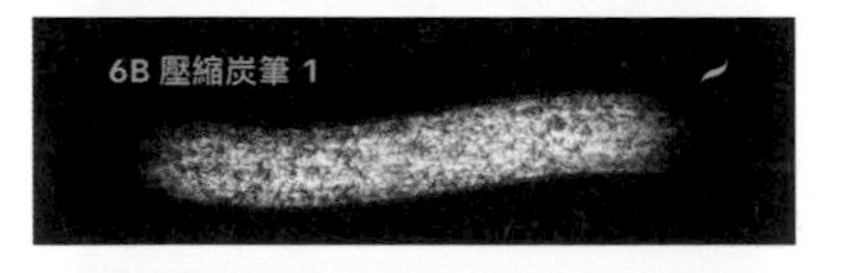

❿滴濺：點狀效果很適合幫食物插畫灑上調味粉，或增加糕餅類的孔洞質感。

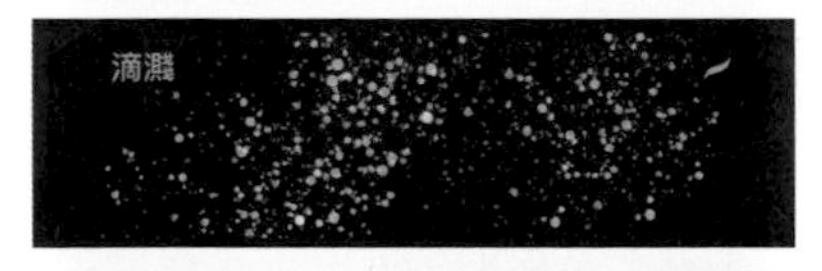

⓫柔質噴槍：適合繪畫形狀柔軟的物體，或搭配橡皮擦工具擦出柔和反光。

⓬特調雜訊：增加類似色鉛筆手繪的躁點與顆粒狀筆觸。

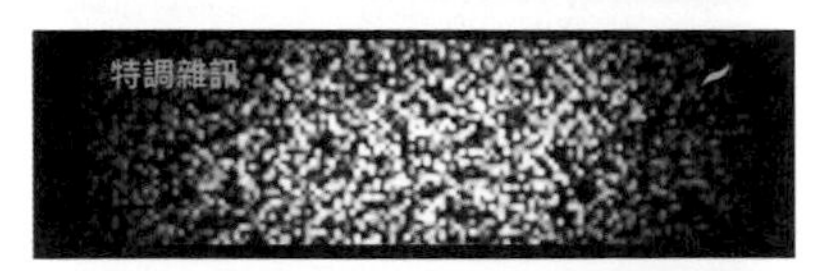

⓭空心筆：筆尖不離開螢幕，一筆到底可寫出帶有外框的文字，可自由幫文字填色。

調整面板

畫布頂端左上方有個魔術棒圖示，點擊後即可開啓功能豐富的調整面板。調整功能會直接套用在目前選取的圖層，幫插畫增添更多元的效果。以下介紹幾個我在繪畫美食插畫常用的功能。

❶色相、飽和度、亮度

先選擇想改變顏色的圖層，再點選此功能，就可以拉動滑桿去改變圖層的顏色。我常會拉動亮度滑桿來快速改變線稿的深淺，也會調整飽和度滑桿，飽和度越高插畫越鮮豔，越低則色彩越不明顯，可製造出類似復古海報效果。

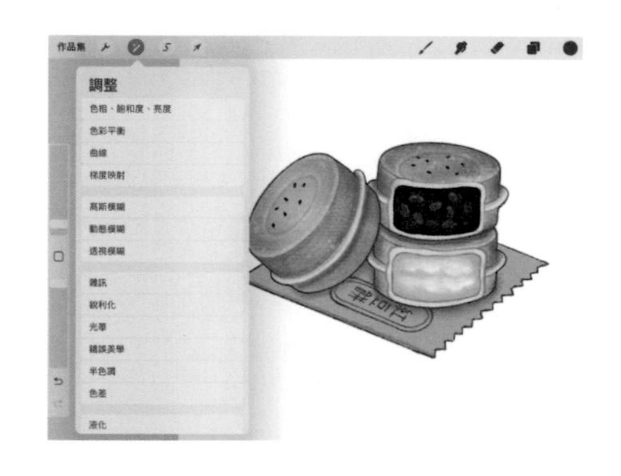

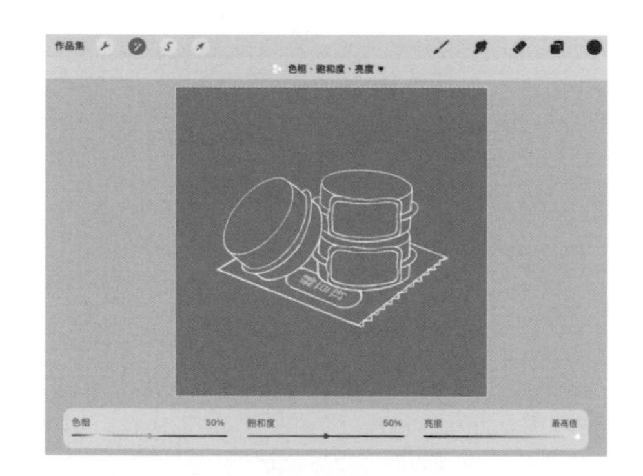

更改線稿亮度，原本是黑色或咖啡色線稿，調到最亮即會呈現白色線稿。

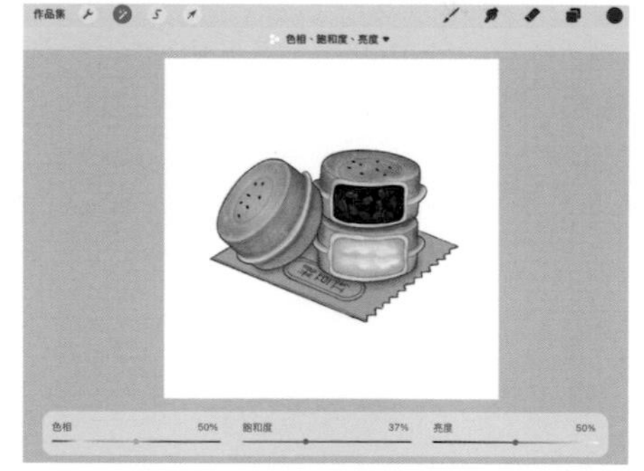

將插畫飽和度調低後，較沒有原圖鮮豔，呈現類似復古印刷品的顏色。

❷色彩平衡：

此功能可以更細部調整插圖顏色，下方選項分為陰影、中間調、亮部，可在選擇每個區域後，依照自己喜好拉動顏色畫桿，讓插圖呈現不同的色彩效果。

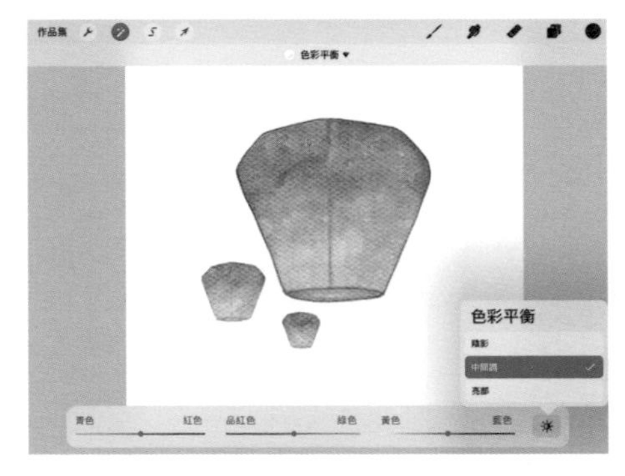

未調整色彩平衡的插畫原色。

調整色彩平衡後，呈現不同色彩效果。

❸梯度映射

這個功能可以快速幫作品套用不同風格的濾鏡，展現多元色彩效果。插圖完成後，把所有圖層合併後點選此功能，並選擇梯度庫中喜歡的濾鏡，就可瞬間改變插畫顏色風格，將筆尖壓在螢幕上往右拖移，即可調整濾鏡表現濃淡程度。

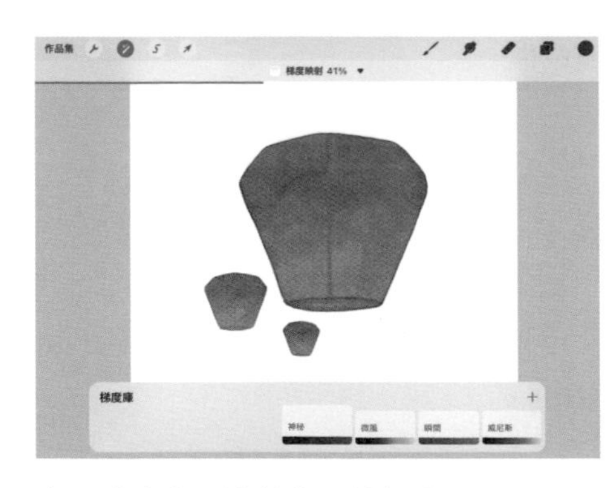

套用「神秘」濾鏡的天燈插畫。

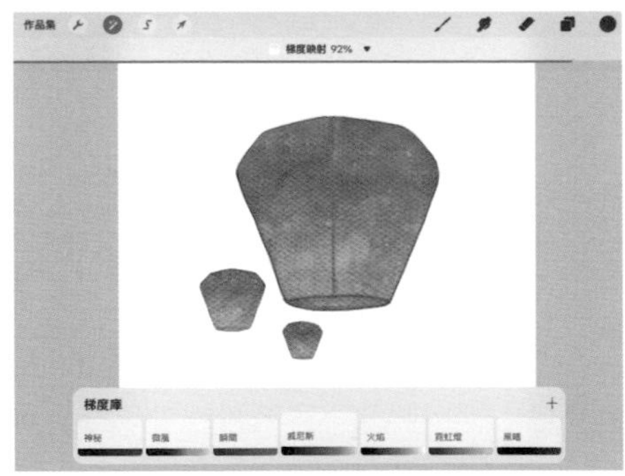

套用「威尼斯」濾鏡的天燈插畫。

❹高斯模糊

高斯模糊可幫圖層上的插畫製造均勻的模糊效果，展現更多空間與距離感。選擇高斯模糊後，筆尖在螢幕上往右滑動，即可製造模糊效果，下圖後方的天燈，即是使用此功能創造出模糊感。

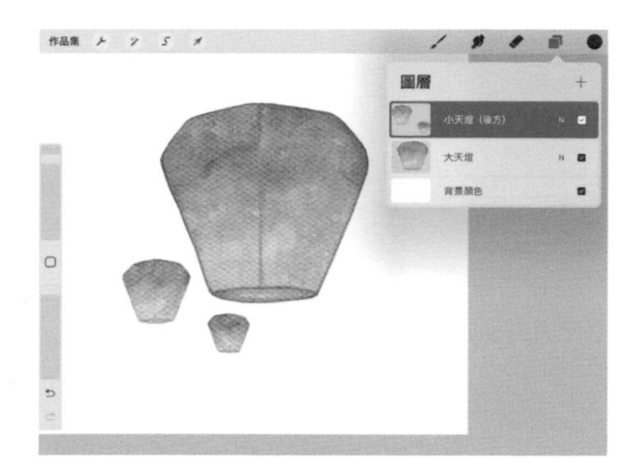

將前景與後景天燈置於不同圖層，選取想要模糊的天燈圖層。

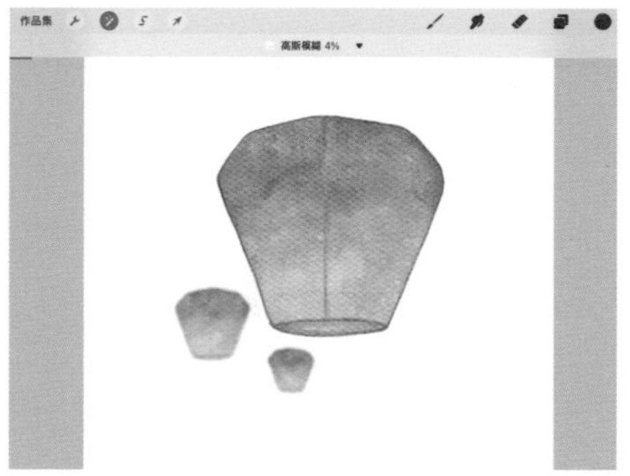

點擊高斯模糊，筆尖在螢幕上向右拖動，後方的小天燈即呈現模糊效果。

❺雜訊

若想幫電繪插圖製造更多手繪筆觸質感，可在插畫加入雜訊效果。在調整面板點下雜訊按鈕，將筆尖往右拖移即可調高雜訊的比例，畫面下方面板可進一步選擇模式，根據個人喜好調整比例與倍頻 ，為插畫增添獨特質感。

❻液化

液化是一種方便扭曲影像的功能，可以輕鬆微調線稿或插畫的形狀，我最推薦也最常使用的是推離。首先，插畫尺寸調至適中大小，插圖慢慢往希望延展的地方推動，將插圖或線稿調成自己喜歡的形狀。

液化前原圖。

選擇液化的推離功能，可將鍋身任意延展成任何大小與形狀。

插畫中的任何部位都可以用輕推的方式任意延展，慢慢修整成各種形狀。

顏色面板

點擊畫面右上角的**圓形顏色選取圖示**，就可以開啓**顏色面板**。面板中有以下 5 種顏色模式：

- 色圈模式・經典模式
- 調和模式・參數式・調色板模式

可依照喜好選擇適合的顏色選擇模式。創作時，我最常使用**經典模式**和**調色板模式**，以下是這兩種模式的使用方法。

❶經典模式：

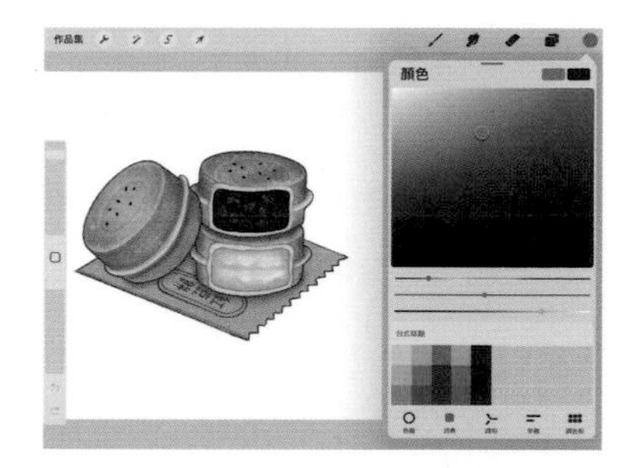

類似 Adobe Photoshop 的顏色模式，可以直接在**方形區域**上選取顏色，也可以調整下方的三個滑桿來調整顏色的**色相**、**飽和度**和**明度**。此外，方形選取區域的左上角爲純白色，左下角爲純黑色，繪畫時可方便迅速選取這兩種常用的顏色。

❷調色板模式：

這個模式裡有很多 Procreate 內建**配色調色板**，切換到**調色板模式**會看到許多不同風格的調色板。想把照片或圖檔變成調色板，點擊右上角的**＋按鈕**，選擇**來自照片的新的**選項，任選圖庫中的一張圖檔（下圖以車輪餅插圖爲例），Procreate 會自動偵測圖檔中有哪些顏色，並建立一個新調色板供你使用。

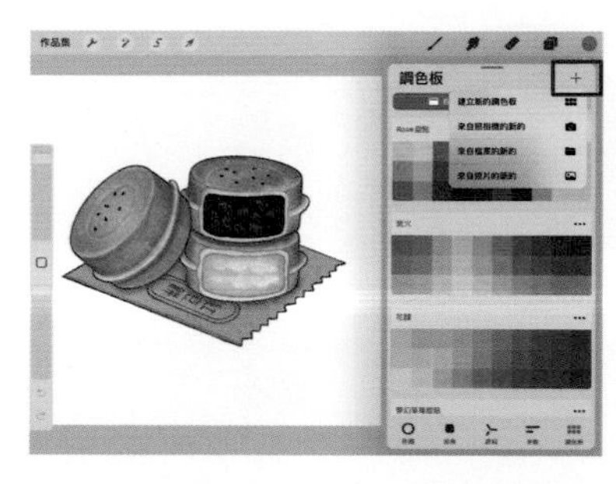

顏色選取工具

此工具可快速選取畫布上已經有的顏色，開啓此工具有以下兩種方式：

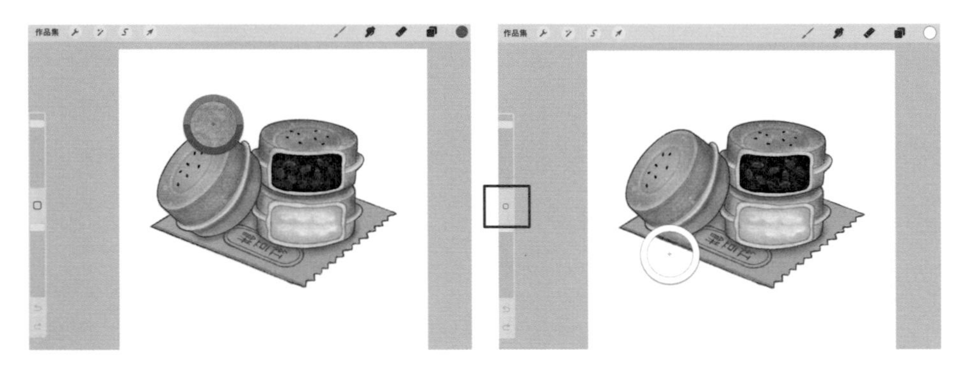

❶手指長壓住螢幕時會吸取顏色，指尖離開螢幕卽取色成功。

❷點擊左方側欄中間的方形修改鈕，一樣可開啓顏色選取工具的色環，操作方式和上述相同，移動色環卽可選取畫布上的顏色。

如果想使用參照功能視窗中參考照片的顏色，也可以長按視窗中的參考照片開啓取色功能。

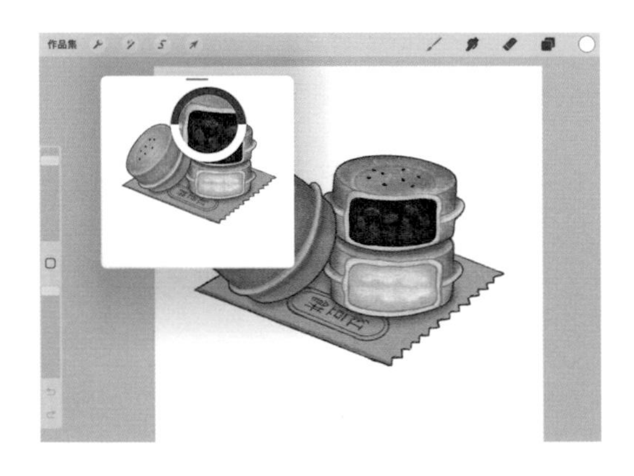

增添特殊紙張材質

完成插畫後，可以幫插畫加上材質，爲作品增添更多溫暖手繪感。以下和大家分享三種加入材質的方法。

· 插入現成紙材圖片

網路上有很多現成的紙材檔案，推薦在日本網站 https://free-paper-texture.com/ 下載喜歡的淺色紙材檔案來練習。

插入步驟

❶點擊操作，按下插入一張照片，選擇一張喜歡的淺色紙材。

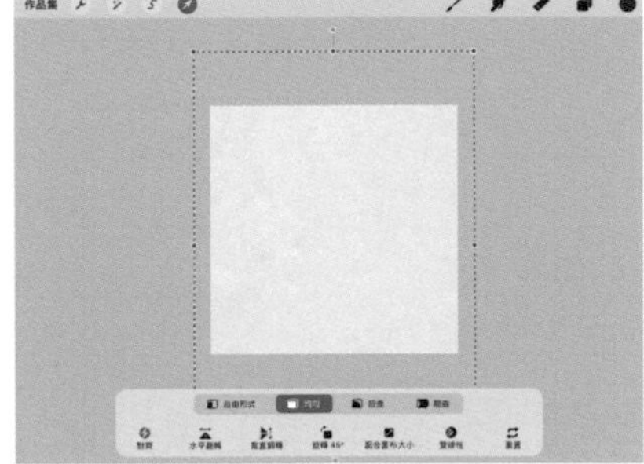

❷將紙材延展覆蓋滿整個畫布。

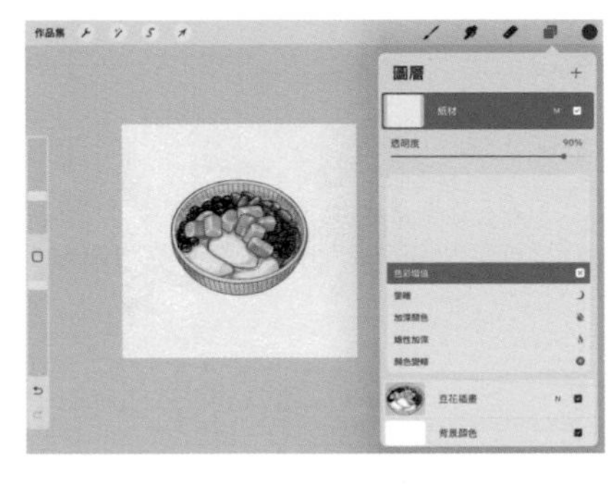

❸點選圖層屬性的字母 N，將屬性改成色彩增值，此時畫布會出現明顯紙張紋路，與此同時可滑動透明滑桿，依喜好調整材質圖層透明度。

❹如想讓材質只顯示在去背好的插畫上，點擊材質圖層，選擇剪切遮罩功能。

· 使用內建筆刷製造紙張材質

Procreate 有很多帶有紋路的筆刷，適合用來製作成個人專屬的紙張材質。以下使用柔和粉彩筆刷來示範，此外，6B 壓縮炭筆、油蠟筆、藝術蠟筆等帶有明顯紋路的畫筆，也很適合以此方式製作成有特殊質感的紙張。

製作步驟

❶畫布縮小，便於之後均勻刷上顏色。

❷在插畫圖層上方開新圖層 ，選擇柔和粉彩筆刷，顏色選淺灰色。

❸筆刷尺寸調到最大，刷在整塊新圖層上（一筆畫到底再放開），讓材質覆蓋整個圖層。

❹點選圖層屬性的字母 N，把屬性改成色彩增值 。

❺讓材質只顯示在去好背的插畫，點擊材質圖層，選擇剪切遮罩功能。

此外，Procreate 很貼心地在筆刷工作室內建許多紋路庫，大家可自由創造喜歡的紙張材質。使用以下步驟便可使用內建的其他紋路與材質。

使用步驟

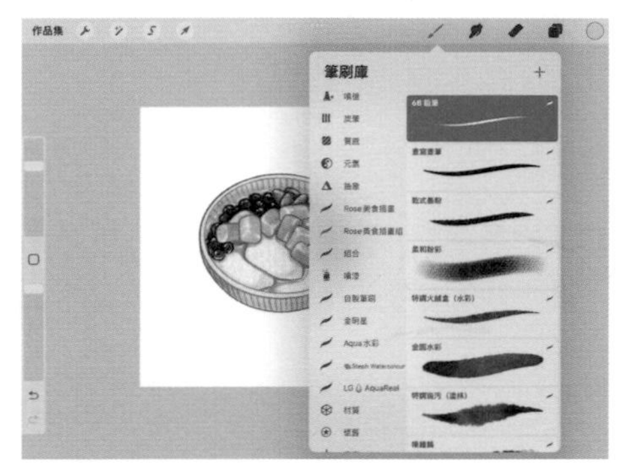

❶點選筆刷工作室右上角的＋號 ，建立新筆刷。

❷點選左方側欄的紋路，並在紋路來源右上角點擊編輯。

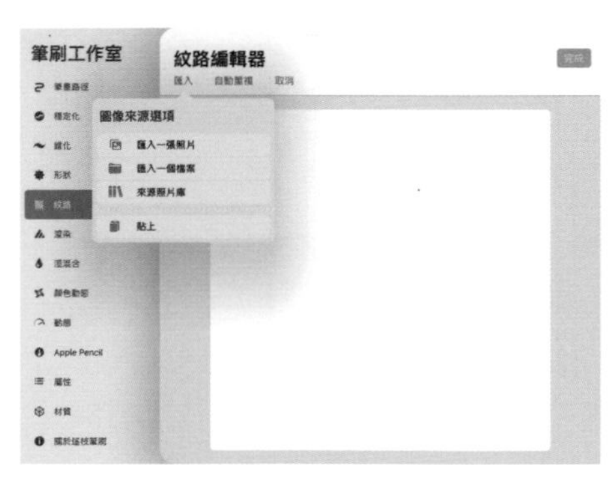

❸在紋路編輯器選擇匯入，點選來源照片庫。

❹選擇任一喜歡的材質（此處以 Sketch Paper 示範）。

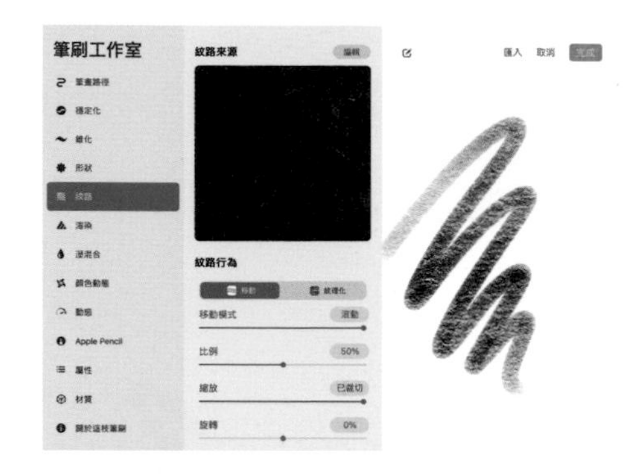

❺在紋路行爲面板，將紋路比例滑桿調成50%。

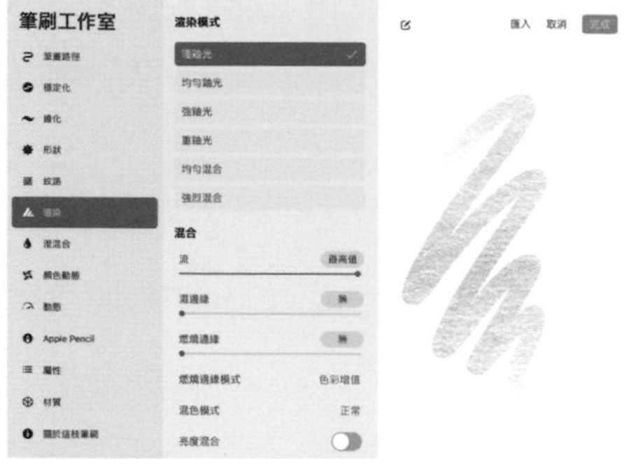

❻切換到渲染面板，將渲染模式改成淺釉光，點擊右上角完成。

❼把筆刷尺寸調到最大，刷在新開的圖層上（一筆到底再放開），讓材質覆蓋整個圖層。

❽把屬性改成色彩增值即完成（可用變形工具將材質放大，讓紋路更明顯）。

繪圖參考線和添加文字功能

Procreate 很適合做簡單的排版和文字編輯，畫好食物插圖後，想讓插圖呈現手繪菜單的排版和文字介紹，可用 Procreate 來完成。我最常使用繪圖參考線和添加文字這兩個功能來編排，完成的作品很適合作為社群貼文使用。

· 繪圖參考線

此功能可用來確認比例和對齊。跟著以下步驟即可叫出參考線功能：

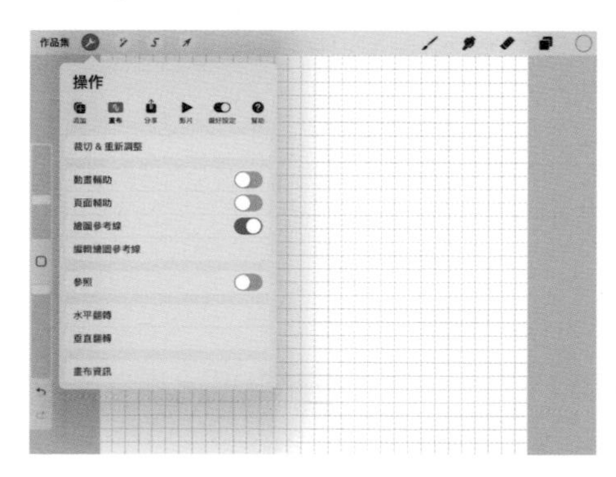

❶選操作，畫布，打開繪圖參考線功能。

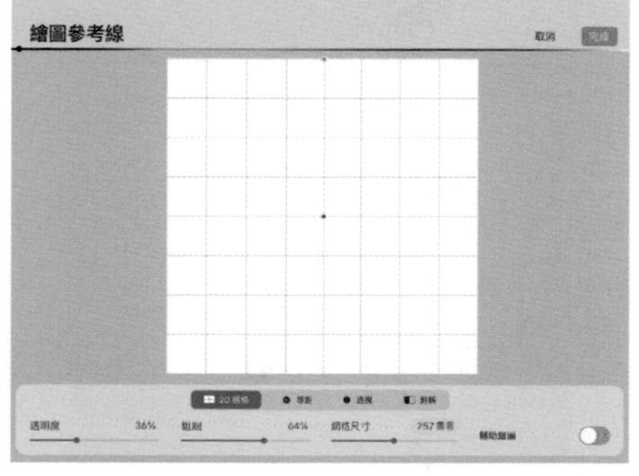

❷點選編輯繪圖參考線 ，即可開啓參考線調整面板。

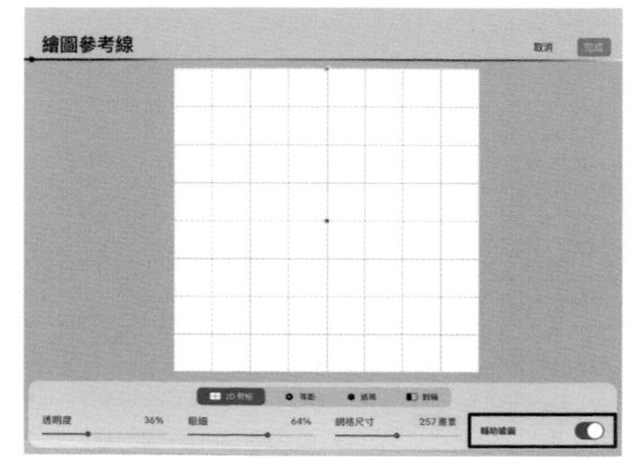

❸可任意調整參考線的透明度／粗細／網格尺寸，打開右下角的輔助繪圖功能，可將網格當成尺規使用。

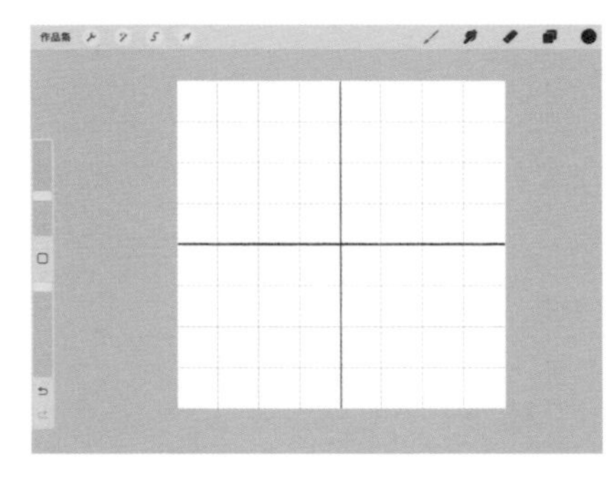

❹點選完成後，使用筆刷沿著網格畫，線條都會自動貼緊網格線條。

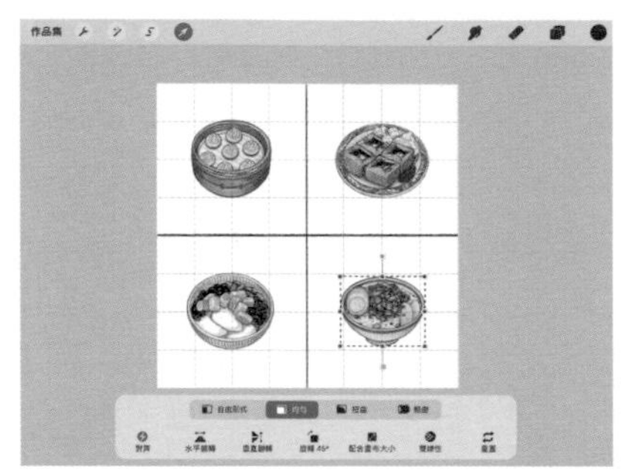

❺點選插入一張照片，置入插畫 PNG 檔，即可觀察參考線輕鬆對齊每個插畫的位置。

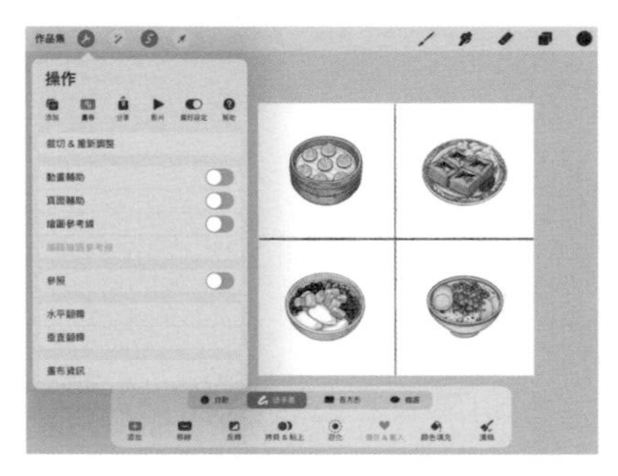

❻調整完畢後，關閉繪圖參考線功能。

· 添加文字

想在畫面中加入文字介紹，讓畫面更豐富，依照以下步驟操作：

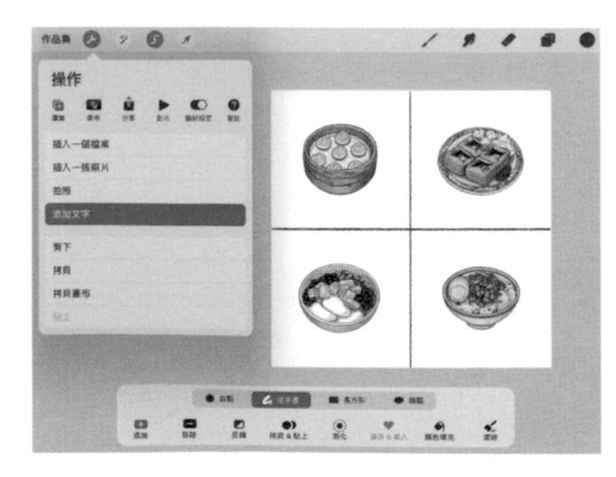

❶點擊操作，點選添加，選擇添加文字。

❷ Procreate 會自動建立一個文字圖層與文字方框。

❸此時會自動開啓螢幕鍵盤讓你輸入文字，文字顏色是目前使用中的顏色。

❹想修改文字顏色，點選文字圖層，點擊編輯文字，即可更改。

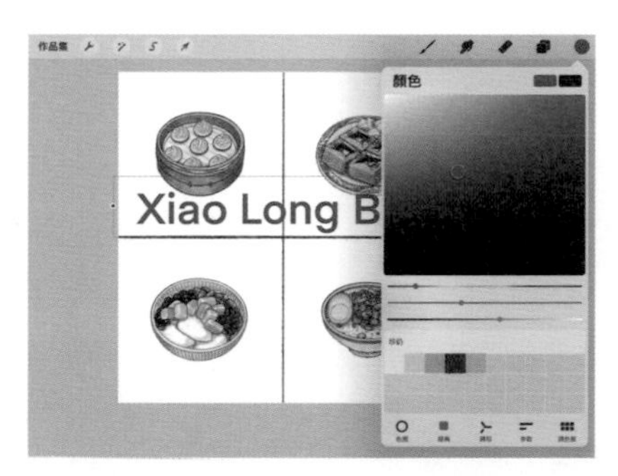

❺叫出調色板，選擇喜歡的顏色。

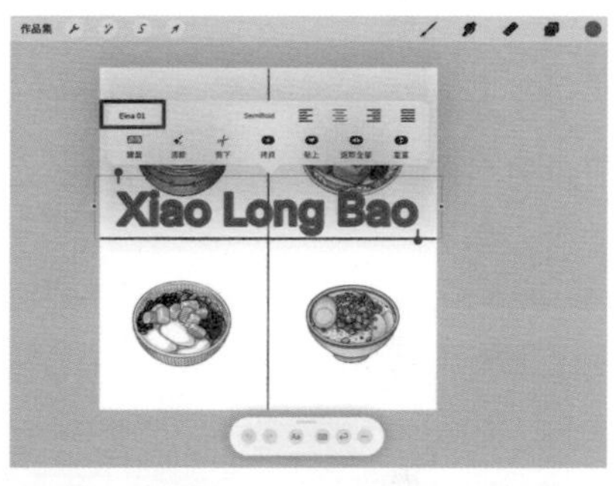

❻點選編輯文字，在文字上點擊兩下，可叫出文字輸入面板。若想修改字體與尺寸等細節，點擊面板左上角字體欄位，即可進行修改。

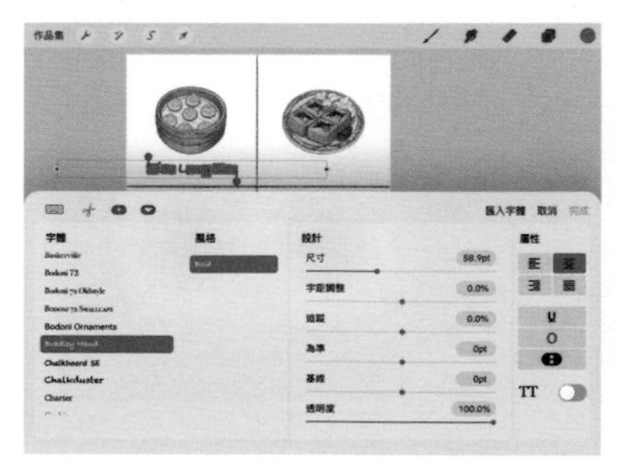

❼進入字體欄位面板後，可進一步修改文字尺寸、字體或字距等細節。

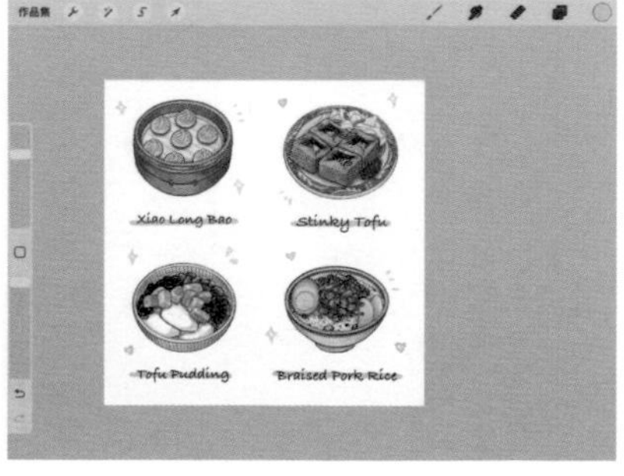

❽依喜好在每個插圖旁加入介紹文字或小插圖即完成。

Rose繪畫流程分享

如何從零開始完成一張自己的作品呢？和大家分享我的插畫創作流程，大家可依照這些步驟，慢慢完成具有自我風格的作品。

❶拍照或上網搜尋圖片

開始繪畫前，我會先花一些時間整理照片、收集參考資料。如果今天想畫臭豆腐，就先找出曾拍過的臭豆腐照片，或上網搜尋喜歡的圖片（推薦圖片網站Pixabay，這個網站的圖庫可免費商業使用）。平常看到喜歡的事物，建議養成多拍幾個角度的習慣，這樣之後繪畫時，就有很多參考圖當作靈感來源。

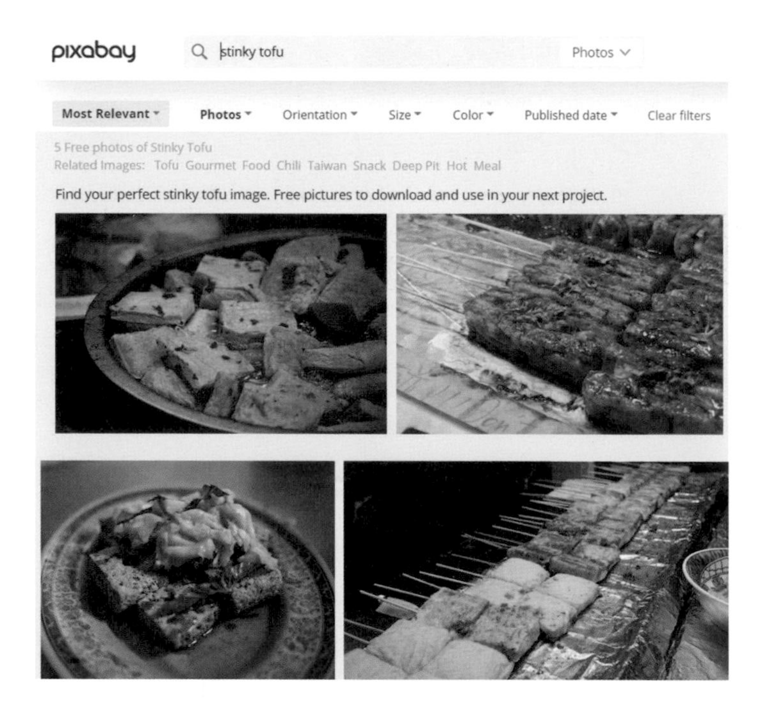

❷ 建立參考照片拼圖版面

用圖片編修 App 把參考照片拼在一起，除了要繪畫的主角，喜歡的配角（如餐具、搭配醬料等）、想參考的整體配色、構圖等等都拼在一起，開啓參照功能，匯入拼圖版面照片。這樣繪畫時，更容易把心中想呈現的樣貌結合在一起。

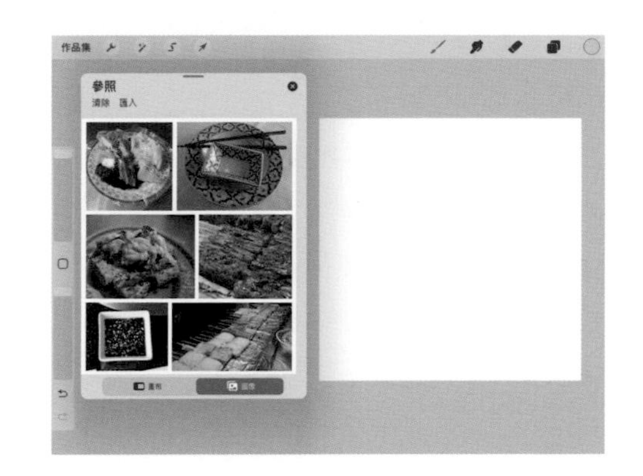

❸繪畫參考線與草稿

仔細觀察想描繪的物體形狀，再於畫布上建立簡單的參考線 ，以圓形、四邊形、立方體、圓柱體等簡單的形狀爲主。接著開新圖層，把參考線圖層透明度調低，按照參考線位置繪畫出草稿，這時線條不用太整齊，以描繪出物體大致造型爲主。此步驟有時我會直接在紙上完成，再掃描或拍照傳到 iPad 繼續繪畫。

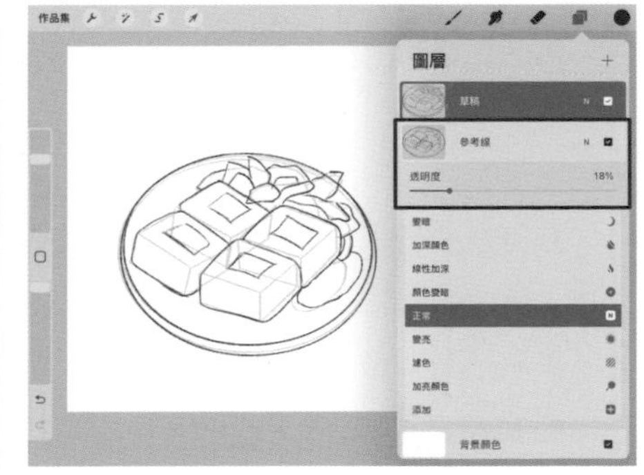

❹描繪線稿

草稿完成後，我會在草稿圖層上方再度開新圖層，用 6B 鉛筆筆刷，以乾淨且確定的線條繪畫出線稿，把每個區塊的線條調整順暢，修掉不要的雜線。完成後，可把參考線圖層和草稿圖層隱藏或刪除，留下線稿圖層繼續上色。

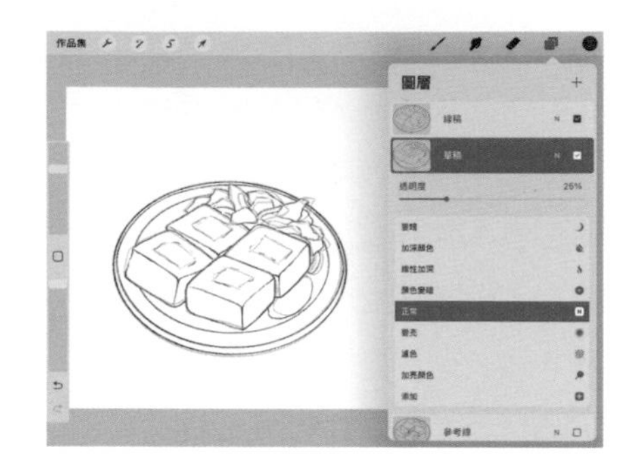

❺決定配色與塗上底色

線稿完成後，在線稿下方開新圖層上色（記得線稿圖層要置頂，才不會被其他顏色覆蓋過去）。我通常使用不透明且不帶有特殊質感的筆刷（如畫室畫筆）來塗底色。搭配色彩快填功能，將顏色拉入封閉的區塊中，如果不滿意顏色，只要重新把新選的顏色拉進區塊中即可，這個功能可以幫助我快速決定整體配色。

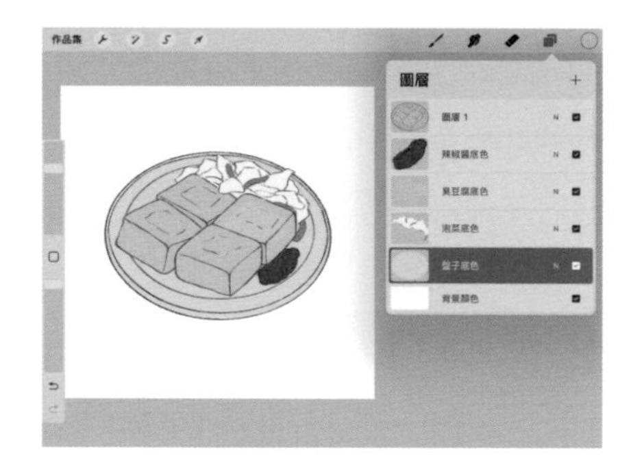

❻繪畫陰影

我會在底色上方開新圖層並點選剪切遮罩，讓陰影顏色不會超過底色範圍。繪畫陰影時，選擇帶有手繪質感的筆刷，例如：柔和粉彩、6B 壓縮炭筆等，用比底色稍深一點的顏色慢慢疊加，漸漸呈現出立體感。

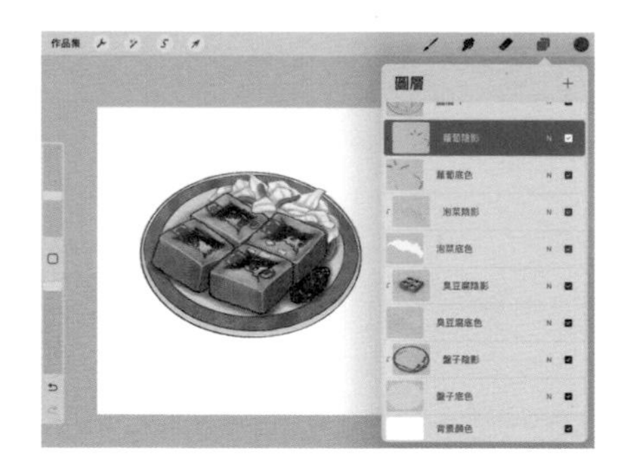

❼加入高光與質感

接著使用 6B 鉛筆或柔和粉彩筆刷，用白色繪畫出光澤感，食物上的醬料或光滑的表面通常帶有晶亮光澤，仔細觀察參考照片適度加入白色光澤，讓食物看起來更美味可口。另外，我也會使用滴濺筆刷或噪鐘鵲筆刷等具有特殊紋理的筆刷，幫插畫增添更擬真的質感。

❽調整線稿與整體顏色

我會根據物體顏色調整輪廓線顏色深淺，比如臭豆腐內部線條改淺一點，泡菜的輪廓線改成黃綠色，讓輪廓線顏色更自然。做法是在線稿圖層上方開新圖層，點擊新圖層，選取剪切遮罩功能，在此圖層塗抹新的顏色，就能改變下方線稿顏色。

❾增添特殊紙質

點擊操作，插入一張照片，置入喜歡的紙材，並將圖層屬性改成色彩增值，就可以幫插畫增加獨特質感。

❿增加裝飾或文字

在頂端圖層點選操作，添加文字，即可在此圖層加入簡單的文字介紹。此外，也可以畫上可愛的小插圖如愛心、星星，幫畫面增添生動活潑感。

暖身練習

1

雞排

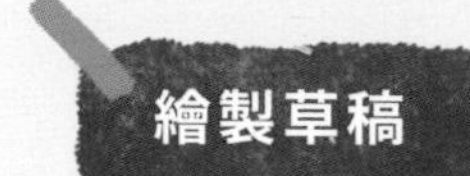

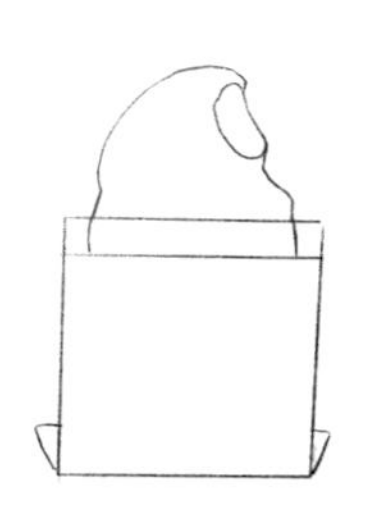

STEP · 1

在白紙繪畫簡易的形狀參考線。繪畫這張作品時，我是用鉛筆將參考線和草稿畫在一般紙上，完成後再拍照匯入 Procreate 描繪線稿。左圖是爲了讓雞排形狀對稱，預先在白紙上畫參考線。

STEP · 2

用橡皮擦把步驟 1 的參考線擦淡一些，並按照參考線輪廓，慢慢勾勒出雞排大致形狀。

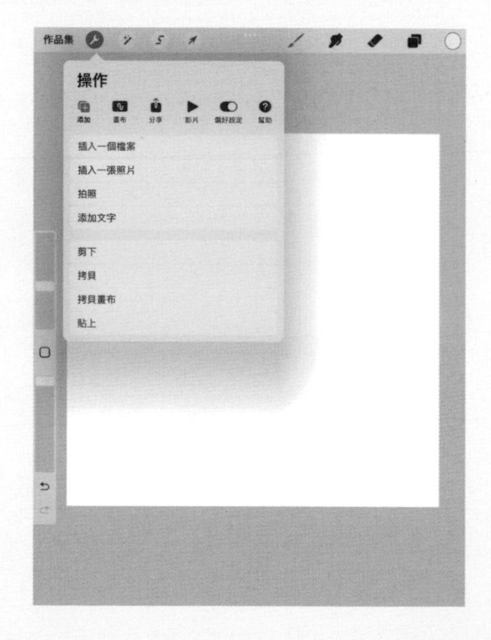

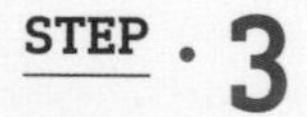

使用 iPad 照相功能拍下畫好的草稿，點選操作 → 添加 → 插入一張照片，拍下的草稿置入預設圖層 ，將圖層命名爲草稿，草稿圖層透明度調到 50%，開始繪製線稿。

繪製線稿與填滿底色

STEP . 1

草稿圖層上方開一個新的線稿圖層，使用 Rose 美食筆刷組中的 6B 鉛筆筆刷，選擇深咖啡色，用確定的線條來描繪線稿，先描繪出雞排和紙袋的外型以及紙袋上印刷的圖案，雞排上的紋路稍後上色時再來強調。

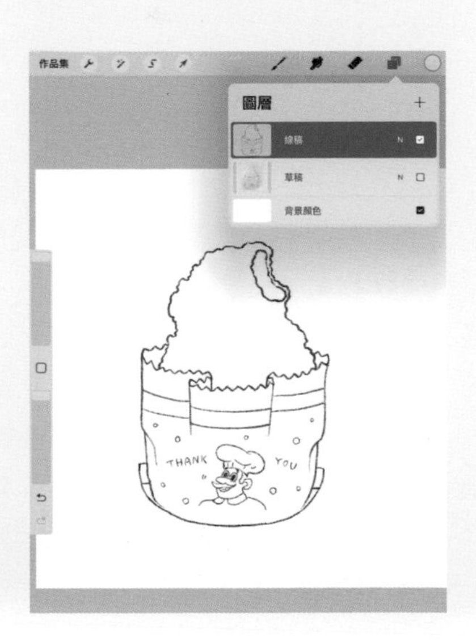

STEP . 2

紙袋上的文字和插畫裝飾，可在此時仔細修改調整，線稿完成後，隱藏草稿圖層，即能看到線條乾淨的完整雞排線稿。

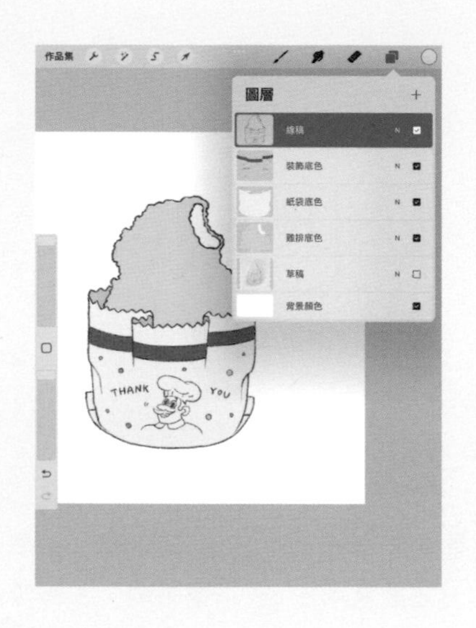

STEP・3

線稿下方開三個新圖層，分別命名爲裝飾底色、紙袋底色與雞排底色，使用畫室畫筆筆刷框出色塊範圍，用色彩快填功能，把顏色拉到色塊中，紙袋上比較細小的圓圈裝飾可以直接塗色，而文字可選鮮豔一點的顏色描繪，這樣就完成雞排的基本配色。

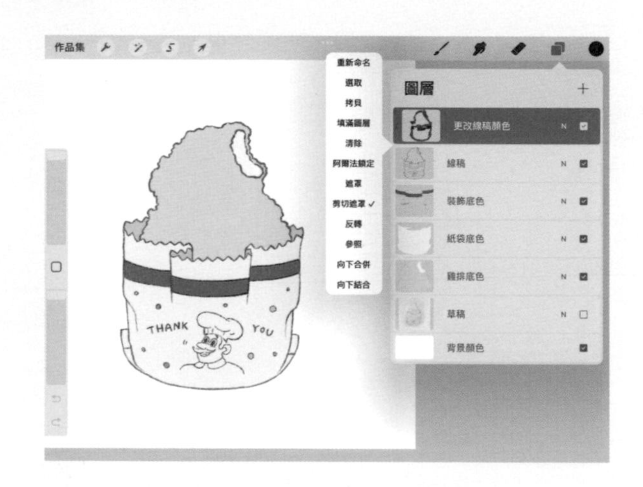

STEP・4

線稿上方開一個新圖層，選擇剪切遮罩，並選擇畫室畫筆筆刷，在此圖層上，把顏色塗抹在線稿，即可更改線稿顏色。我通常讓線稿顏色接近底色，比如雞排輪廓使用深咖啡色，紙袋輪廓使用深灰色，大家可依照自己的喜歡的方式來呈現線稿顏色，像是讓線稿全是黑色或白色，都可以展現獨特的個人風格。

增添立體感與質感

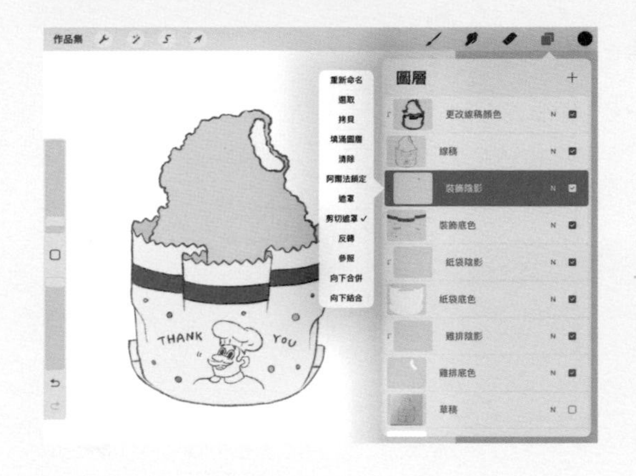

STEP · 1

在每個底色圖層上方分別開一個新圖層，點選新圖層並選擇剪切遮罩功能，稍後在這些剪切遮罩圖層上幫雞排畫陰影與細節，使用這個功能就不用擔心顏色塗出去，陰影只會出現在下方的底色範圍內。

STEP · 2

在每個底色上方的剪切遮罩圖層，選擇柔和粉彩筆刷，使用比底色稍深的顏色刷出陰影。雞排可用橘黃色刷在周邊畫出凹陷的紋路；紙袋則用淺灰色刷在紙袋外圍，用稍深一點的灰畫在紙袋內部；紙袋上的紅色條紋裝飾用暗紅色刷在紙袋凹陷處，初步強調出整體立體感。

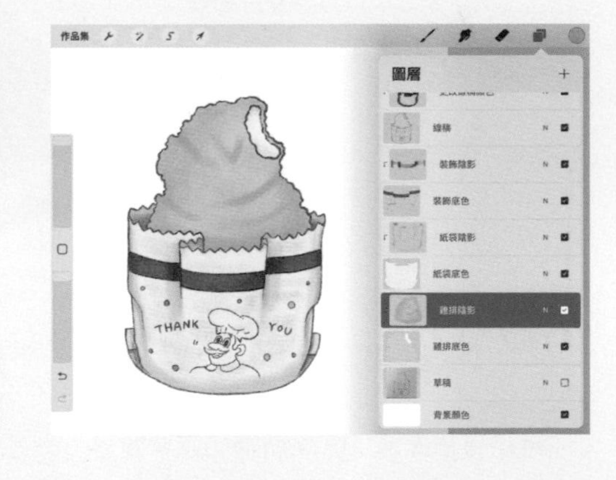

STEP · 3

在雞排陰影圖層上方開新剪切遮罩圖層命名爲雞排質感，用 Rose 筆刷組的特調火絨盒筆刷將橘黃色輕點在雞排表面，製造炸物裹粉油炸後顆粒狀的表面質感。

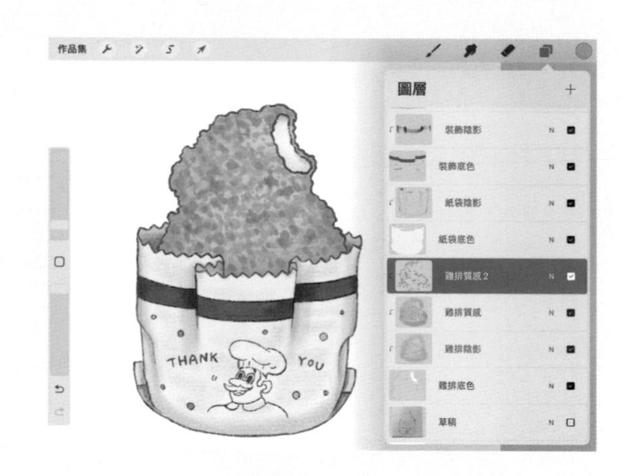

STEP · 4

在雞排質感圖層上方開新剪切遮罩圖層，命名爲雞排質感 2，使用特調火絨盒筆刷，以更深的橘黃色繼續輕點在雞排表面，加強炸到黃金酥脆的感覺。

STEP · 5

在雞排質感2上方開新剪切遮罩圖層命名爲雞排質感3，使用特調火絨盒筆刷，將更深的褐色繼續輕點在雞排凹陷處，強調骨頭凹陷的紋路，讓焦香感和立體感更明顯。質感分成三個圖層畫的好處是，有任何一個圖層不滿意，隨時可用橡皮擦修改其中一個圖層，不用擔心修改到整個插圖。

增添細節與材質

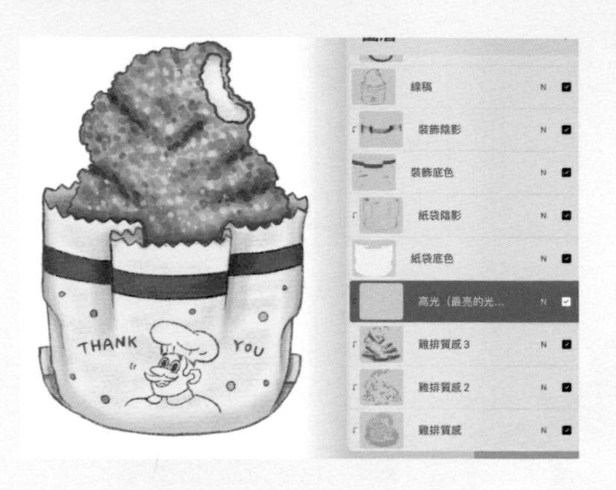

STEP · 1

開一個新圖層命名為高光，選擇火絨盒筆刷，顏色選擇接近白色的淺黃色，輕點擊在雞排表面最亮的地方，製造油亮光澤感。

STEP · 2

在高光上方開一個新圖層命名為胡椒鹽，顏色選擇黑色，筆刷選擇滴濺筆刷，筆刷尺寸調到極細，輕輕點擊幾筆在雞排表面，幫雞排撒上細細的胡椒鹽。

STEP · 3

點擊圖層並選取向下合併，先將剪切遮罩圖層和底色圖層合併，最後再捏合所有圖層，把所有圖層合併在一起。

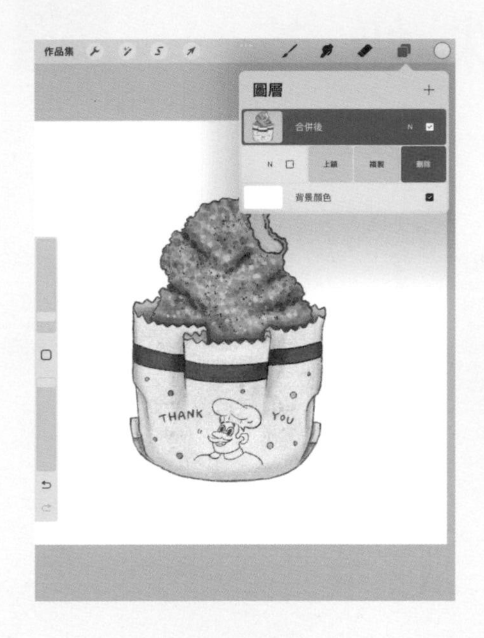

STEP · 4

所有圖層合併後，可把不會再用到的草稿圖層往左滑，選擇刪除。

STEP · 5

點選合併好的圖層，並點擊調整 → 雜訊，筆尖長壓畫面任一處向右拖曳，雜訊效果調到 15 ～ 20%，微調下方的比例與倍頻數值，讓插畫出現帶有復古效果的顆粒質感，就完成這張作品了。

暖身練習

2 珍珠奶茶

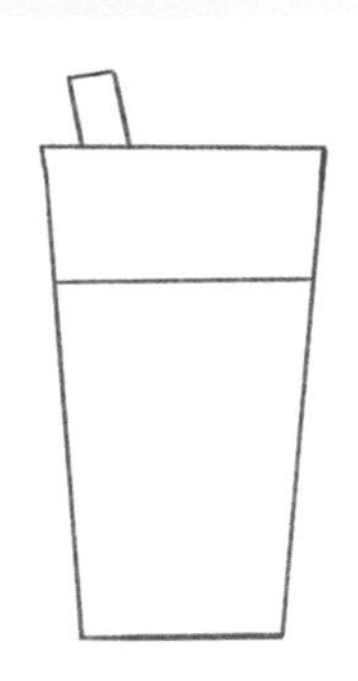

STEP・1

在 Procreate 建立新畫布並把預設圖層命名爲參考線，在此圖層畫出珍奶大概的構圖與形狀。

STEP・2

步驟 1 參考線圖層透明度調到 50%（若畫在紙上，把參考線擦淡），開新草稿圖層，畫出杯子的形狀。草稿線條有點凌亂沒關係，稍後會再修飾調整。

STEP · 3

繪製出珍珠和冰塊的草稿，杯口每顆珍珠都是正圓形，互相重疊。杯身的珍珠因爲泡在奶茶裡，看起來不會每顆都那麼圓，最下方的冰塊則是不規則的多邊形。

STEP · 4

草稿如果是畫在紙上，用 iPad 拍照功能拍下草稿，點選操作 → 添加 → 插入一張照片，將草稿照片置入畫布。前 3 個步驟如果是使用 Procreate 完成，只要隱藏步驟 1 的參考線圖層，並將草稿圖層透明度調到 50%，就可以開始繪製線稿了。

繪製線稿與填滿底色

STEP · 1

開新的線稿圖層，使用Rose 美食筆刷組的 6B 鉛筆筆刷，選擇深咖啡色描繪線稿，用之前學到的快速繪圖形狀工具功能，讓筆尖停頓在畫面久一點修正形狀，描繪出杯子兩側滑順的直線、杯緣的弧線和珍珠圓潤的形狀。

STEP · 2

杯子內部的珍珠和冰塊用較淺的咖啡色描繪，定出珍珠大概的位置即可，因爲之後會將這些線條擦掉。其餘部份則以確定的線條將線稿描繪完成後，隱藏草稿圖層，即可看到線條乾淨的完整珍奶線稿。

STEP · 3

在線稿下方開三個新圖層，分別命名爲吸管底色、珍珠底色與奶茶底色，使用畫室畫筆筆刷框出色塊範圍，使用色彩快填功能，將顏色拉到色塊中，完成珍奶的基本配色。

STEP · 4

選擇橡皮擦工具，先擦除線稿圖層中，杯中珍珠的線稿，再切換到底色圖層，用橡皮擦搭配中等噴槍筆刷，輕輕擦除杯子中珍珠的邊緣，讓泡在奶茶裡的珍珠邊緣柔和。

STEP · 5

在線稿上方開一個新圖層，選擇剪切遮罩，選擇畫室畫筆筆刷，在此圖層把顏色塗抹在線稿上，即可更改線稿顏色。我習慣讓線稿顏色比色塊顏色稍深，例如奶茶輪廓使用深咖啡色，吸管輪廓使用深紅色，珍珠輪廓則用黑色。這個步驟可以現在進行，或擺在最後，等插畫完全上完顏色再進行。

增添立體感與光影

STEP · 1

在每個底色圖層上方分別開一個新圖層，點選新圖層並選擇剪切遮罩功能，稍後在這些剪切遮罩圖層上疊色。

STEP · 2

在奶茶底色上方的剪切遮罩圖層，選擇柔和粉彩筆刷，使用比底色稍深的顏色刷出奶茶兩側的陰影，如果希望看起來更立體，可持續調深顏色，繼續刷在兩側。

STEP・3

在頂端開新圖層命名爲高光圖層，在奶茶顏色最亮的區域，使用中等噴槍筆刷刷上白色，加強高光亮度，同時將白色畫在吸管最亮的位置。

STEP・4

在珍珠底色上方的剪切遮罩圖層，選擇柔和粉彩筆刷，使用焦糖色和黑色，慢慢推疊珍珠顏色的層次和立體感，並在頂端的高光圖層，選擇 6B 鉛筆筆刷，用白色繪畫出每顆珍珠的光澤。

STEP・5

在吸管底色上方的剪切遮罩圖層，選擇柔和粉彩筆刷，使用比底色稍深的粉紅色，慢慢疊刷出兩側陰影。

STEP · 6

在頂端開新圖層繪畫細節，選擇中等噴槍筆刷，用淺咖啡色繪畫出冰塊形狀，也可以一併擦除線稿圖層的冰塊線條，讓輪廓看起來更柔和。

STEP · 7

畫到這裡可以對照一下，圖層是不是照這樣排列，旁邊有標示小箭頭的圖層是使用剪切遮罩功能的圖層，可以在這時稍微整理與檢查一下圖層。

增添細節與材質

STEP · 1

選擇滴濺筆刷，顏色選擇淺膚色，輕輕點擊幾筆在奶茶陰影圖層，製造類似水滴的質感。

STEP · 2

點擊圖層並選取向下合併，先將剪切遮罩圖層和底色圖層合併，再把所有圖層合併在一起。

STEP · 3

選取合併好的圖層，點選調整 → 雜訊，筆尖長壓畫面任一處並向右拖曳，將雜訊效果調到 15 ~ 20%，微調下方的比例與倍頻數值，讓插畫出現帶有復古效果的顆粒質感，就完成了。

暖身練習

3

火雞肉飯

繪製參考線與線稿

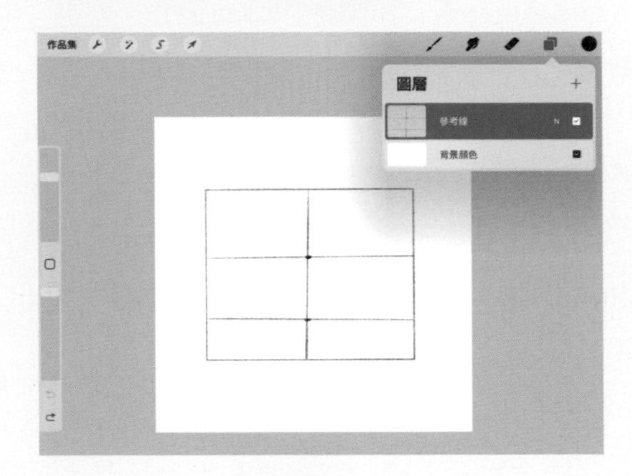

STEP・1

碗的對稱形狀用 Procreate 可以很方便繪畫出來，所以我選擇在 Procreate 繪製草稿與線稿。首先用 6B 鉛筆繪畫出簡易的參考線，畫一個大四邊形框出碗的範圍，於中心畫直線切成兩半，再畫三條橫線，這些輔助線可幫助繪製碗的形狀。

STEP・2

步驟 1 參考線透明度調淡，新增一個圖層，按照參考線分的區塊，在新圖層勾勒碗的線稿。依序畫出橢圓的碗口與有厚度的邊緣，並以弧線畫出碗的深度和底部，這些形狀與線條可搭配使用快速繪圖形狀，繪製出對稱的形狀與滑順的線條。

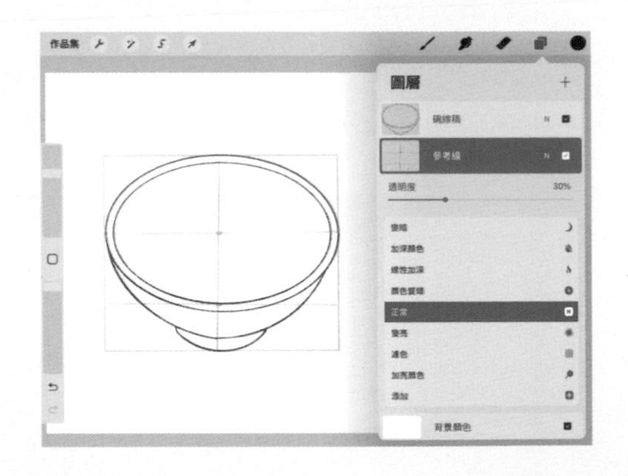

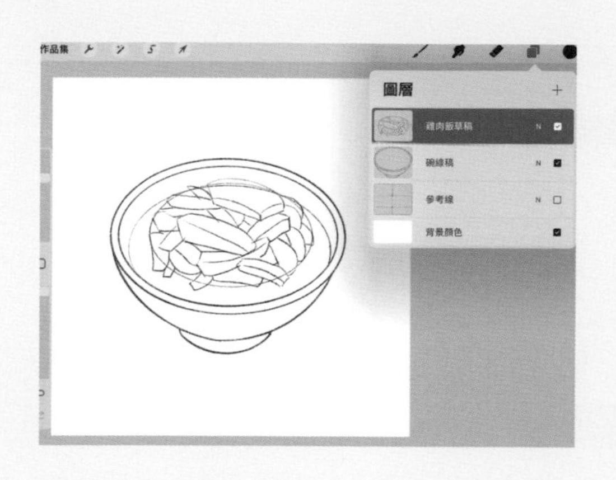

STEP · 3

繪製好碗的線稿，將參考線圖層隱藏，於頂端開一個新圖層，繪畫出火雞肉絲和醃蘿蔔大致的形狀，在草稿圖層線條潦草沒關係，能看出大概的形狀和構圖就可以了。

接著在此圖層畫出顆粒狀的白飯，大概能看出形狀與分佈位置即可。

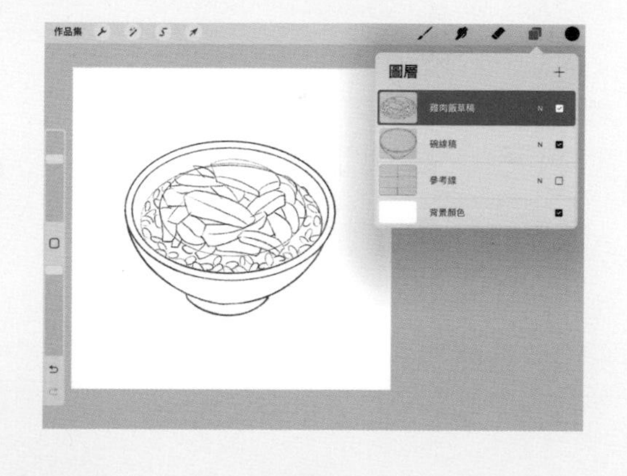

STEP · 5

完成草稿圖層後，將此圖層透明度調淡，於上方開新圖層，用確定的線條描繪醃蘿蔔，再開新圖層繪製油蔥酥。醃蘿蔔和油蔥酥可繪製在同一個圖層，依個人習慣決定是否分圖層繪製。

STEP · 6

接著繼續在頂端開新圖層，描繪出火雞肉絲和白飯的線稿，白飯描繪完成後把線條透明度調淡一些，讓米粒的輪廓不那麼明顯。

STEP · 7

完成後，可刪除雞肉飯草稿圖層和參考線圖層，留下繪製好的線稿圖層，這樣上色時比較不會因太多圖層而混淆。

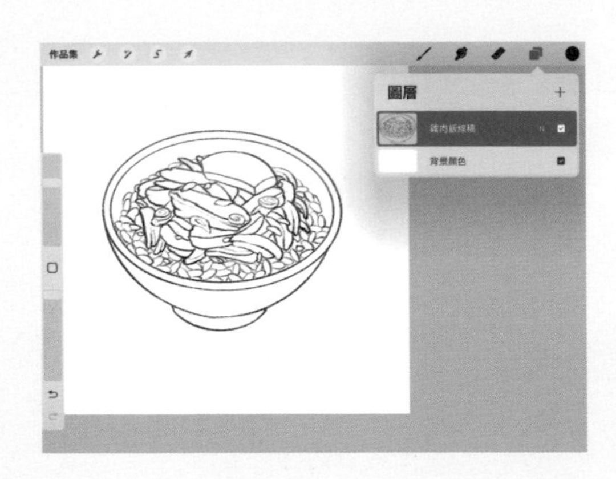

STEP · 8

將所有線稿圖層捏和，合併在同一個圖層，準備上色。

上色與增添立體感

STEP · 1

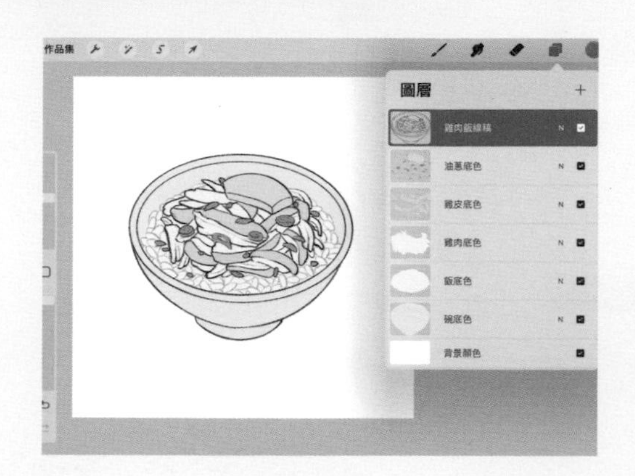

在線稿下方開五個新圖層，分別命名爲油蔥底色、雞皮底色、雞肉底色、飯底色與碗底色，使用畫室畫筆筆刷框出色塊範圍，用色彩快填功能，將顏色拉到色塊中。多分幾個圖層繪畫底色，可方便之後疊色和繪畫細節。

STEP · 2

在油蔥底色圖層上方開新圖層，點選此圖層並選擇剪切遮罩功能，選擇柔和粉彩筆刷，使用橘黃色在醃蘿蔔右下角輕輕疊色，並用淺褐色在油蔥酥上疊加陰影。

STEP · 3

在雞肉底色和雞皮底色圖層的上方分別開新圖層，點選這兩個圖層並選擇剪切遮罩功能，選擇柔和粉彩筆刷，用淺橘黃色在雞皮疊加陰影，再用淺膚色在雞肉絲層層疊加陰影與立體感。

STEP · 4

在飯底色和碗底色圖層的上方分別開新圖層，點選這兩個圖層並選擇剪切遮罩功能，選擇柔和粉彩筆刷，使用淺橘膚色在白飯的周圍疊加陰影，再用灰藍色在碗的周邊疊加陰影，製造碗緣立體感。

STEP · 5

在雞皮陰影、雞肉陰影和飯陰影圖層上方開新剪切遮罩圖層，圖層命名時可在後方加上陰影 2，繼續使用柔和粉彩筆刷，選擇更深的顏色堆疊在雞肉和米粒重疊凹陷處，強調雞肉塊與顆粒狀白米層層相疊的立體感。

STEP · 6

雞肉陰影 2 圖層上方開新剪切遮罩圖層命名爲雞肉陰影 3，用特調火絨盒筆刷，使用柔和粉彩筆刷，選擇更深的咖啡色繼續堆疊每塊雞肉重疊凹陷的地方，讓陰影更明顯。

STEP . 7

在碗陰影圖層上方開新剪切遮罩圖層，命名爲碗裝飾圖層，選擇特調火絨盒筆刷，使用深藍色繼續裝飾碗的周邊，使用此筆刷時長按住塗完整個色塊後再放開，就不會有顏色重疊時色塊太明顯的問題；如果不小心放開造成色塊太明顯，可用塗抹工具搭配特調斑污筆刷，將色塊交疊明顯的邊界自然均勻地塗開。

STEP . 8

在碗裝飾圖層上方開新剪切遮罩圖層，命名爲碗裝飾 2 圖層，選擇特調火絨盒筆刷，使用深且偏紫的藍色繼續裝飾碗的周邊，讓瓷碗上的裝飾更有變化與層次。

增添細節與質感

STEP・1

在油蔥陰影和雞皮陰影 3 圖層上方，分別開新圖層命名爲油蔥質感和雞皮質感圖層，選擇滴濺筆刷，顏色選擇白色，將筆刷透明度調至 70%，輕輕點擊在醃蘿蔔和雞皮表面，製造出油亮光澤感。

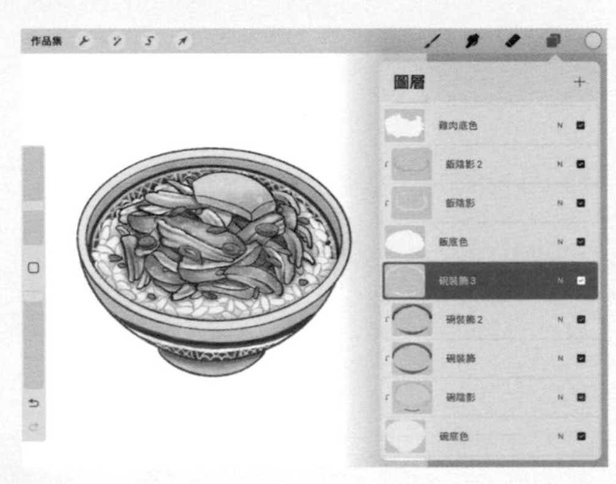

STEP・2

在碗裝飾 2 圖層上方開新圖層命名爲碗裝飾 3，筆刷選擇特調火絨盒，筆刷尺寸調小，用白色在碗上畫出細細的花紋圖案。

STEP・3

在頂端開新圖層，命名爲高光圖層，選擇 6B 鉛筆筆刷，使用白色畫出醃蘿蔔和雞肉邊緣的油亮感，細細的白色線條或點狀紋路可強調令人垂涎的光澤感。

STEP・4

雞肉飯線稿上方開新剪切遮罩圖層，並使用畫室畫筆筆刷，塗抹在想改變線稿顏色的地方，例如將醃蘿蔔外圍線稿改成焦糖色，或是將碗的內緣線稿改成淺藍色，推薦依個人喜好和風格修改喜歡的線稿顏色。

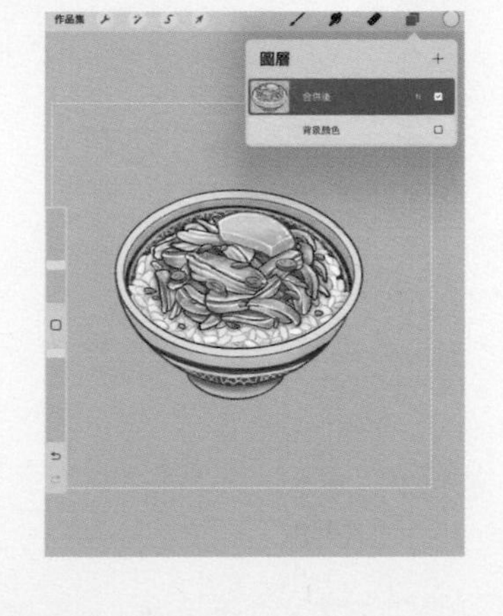

STEP・5

確定沒有其他想修改的地方，即可開始合併圖層，先將每個剪切遮罩圖層和底色圖層合併，最後再捏合所有圖層，把所有圖層合併在一起。

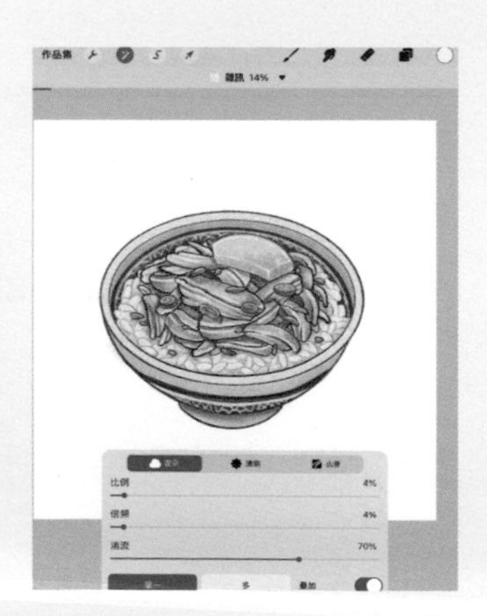

STEP・6

點選合併好的圖層，點擊調整 → 雜訊，筆尖長壓畫面任一處向右拖曳，調高雜訊效果，也可調整下方欄位的**比例和倍頻** ，讓插畫出現類似手繪效果的顆粒質感，這張作品就完成了。

車輪餅

繪製參考線與線稿

STEP・1

這次也是在 Procreate 繪製草稿與線稿。用 6B 鉛筆大致繪畫出車輪餅和紙袋形狀，先畫底部鋪墊的紙袋，再用圓柱體畫出車輪餅形狀，繪製線條時筆尖在畫面停留久一點，讓內建的快速繪圖形狀工具自動修正線條。

STEP・2

步驟 1 參考線透明度調淡，新增一個圖層，準備繪製線稿。車輪餅的形狀與構圖較單純，所以我沒有畫草稿，直接開線稿圖層來繪畫確定的線稿。如果擔心不確定的雜線太多，還是可以先開一個草稿圖層，把物體形狀都勾勒好，再開線稿圖層重新描繪確定的線條。

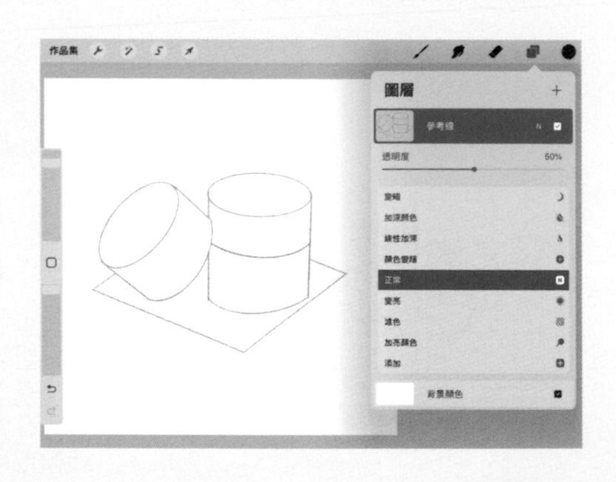

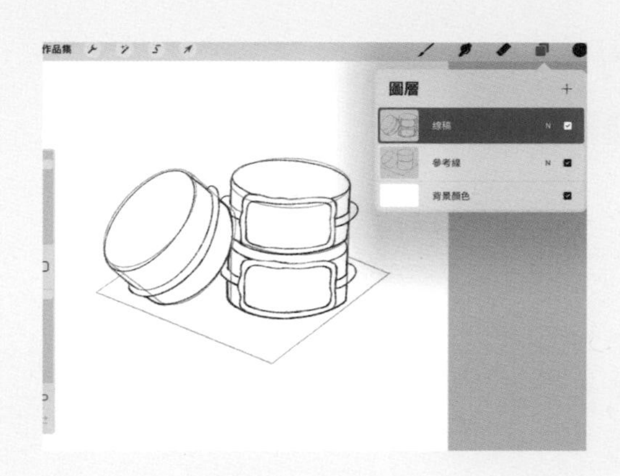

STEP・3

在線稿圖層畫出車輪餅的形狀，每個餅中間會有一圈環狀有厚度的麵皮，右邊兩個是開口露出餡料的車輪餅，開口周圍的麵皮也會帶有一圈厚度。

STEP・4

繼續在線稿圖層畫出墊在底部的紙袋，紙袋空白處，加入一塊近橢圓的形狀，稍後把它畫成復古印章。

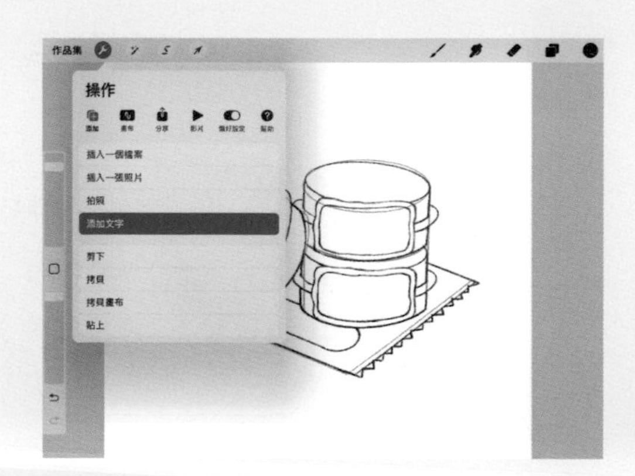

STEP・5

我想在紙袋上的印章加入文字，因此點擊操作 → 添加文字來加入。

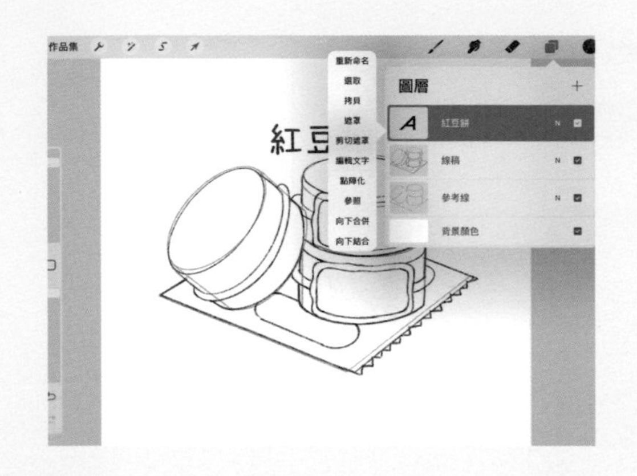

STEP．6

輸入想添加的文字後，點擊文字圖層，點選編輯文字功能，進一步調整文字。

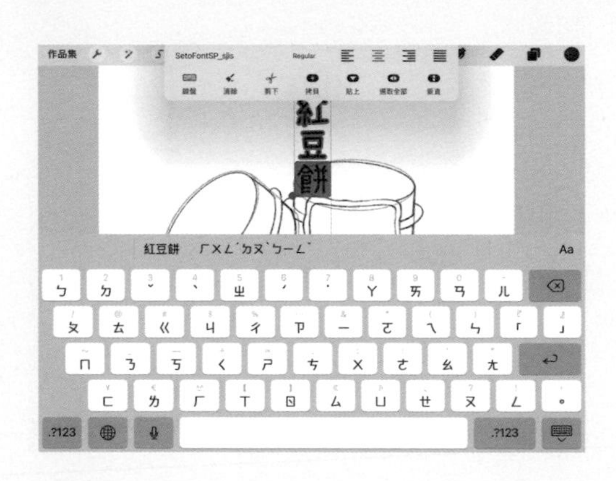

STEP．7

在文字上快速點擊兩下，上方會出現編輯文字的橫向介面， 點選垂直可將輸入的橫式文字改成直向。

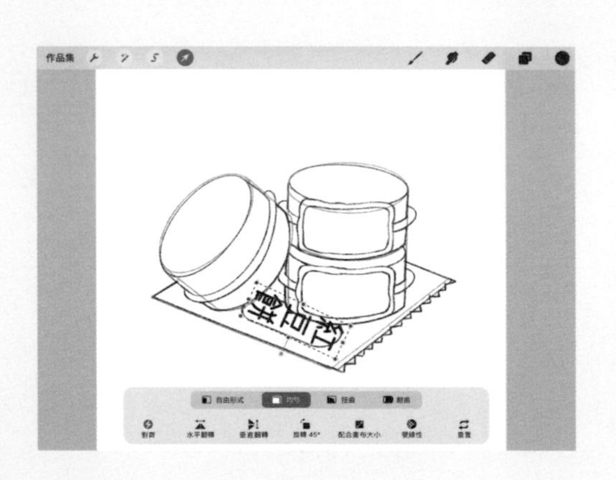

STEP．8

點擊變形箭頭工具，將文字移到印章上，長壓住綠色旋轉工具將文字轉向，再拉動藍色變形點將文字調整成適當大小。

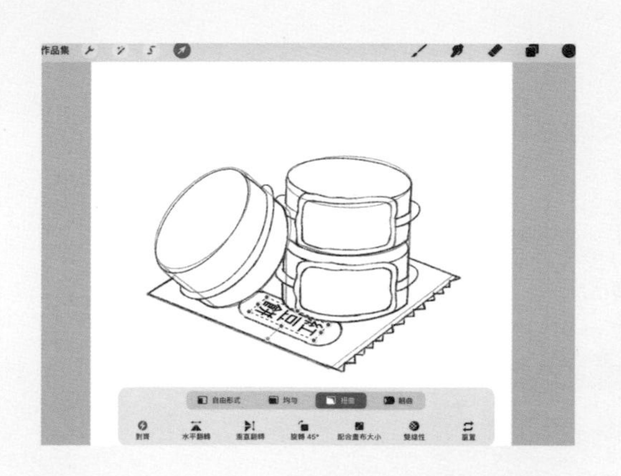

STEP · 9

點選變形工具的扭曲功能，慢慢調整文字形狀，讓它看起來自然貼合在底部的紙袋。

STEP · 10

之後想重新描繪一次文字，呈現更自然的手繪感，所以將文字圖層透明度調低，定好文字位置與大小，稍後再重新描繪。

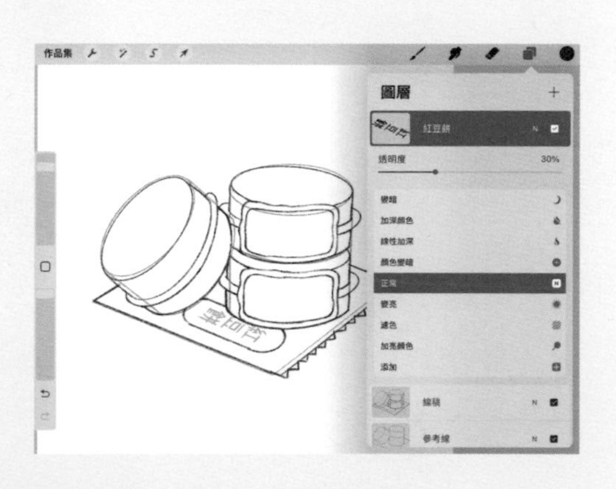

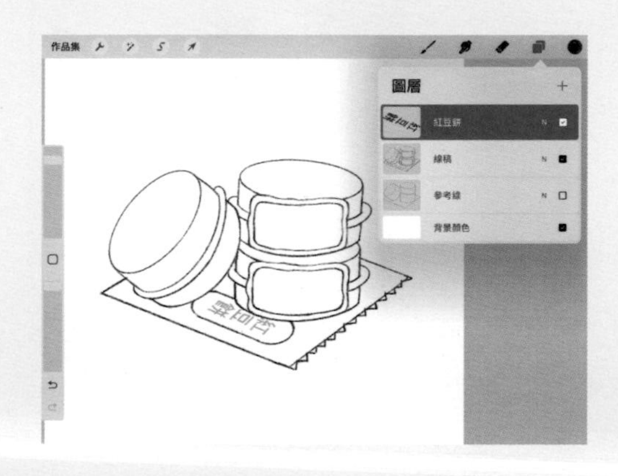

STEP · 11

隱藏參考線圖層，留下乾淨的線稿（可將紅豆餅文字圖層與線稿圖層合併），即可準備上色。

上色與增添細節

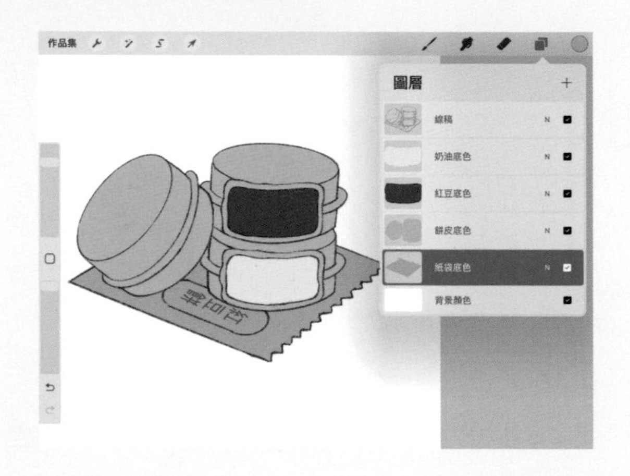

STEP · 1

在線稿圖層下方開四個新圖層，分別命名爲奶油底色、紅豆底色、餅皮底色與紙袋底色，並使用畫室畫筆筆刷框出色塊範圍，再用色彩快填功能，將顏色拉到色塊中。

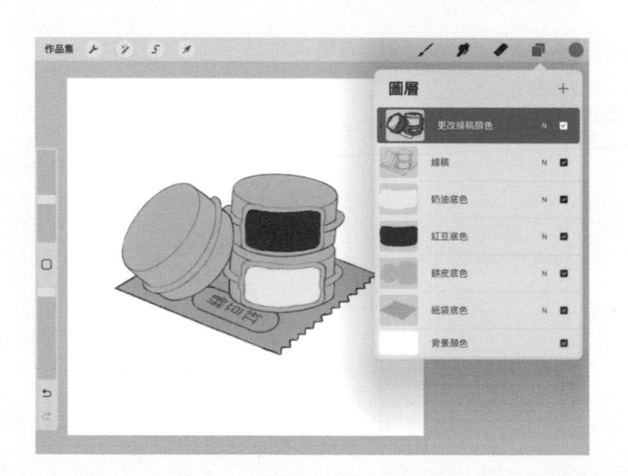

STEP · 2

在線稿圖層上方開新圖層，點選此圖層並選擇剪切遮罩功能，選擇畫室畫筆筆刷，使用不同顏色塗在線稿上，改變輪廓線顏色。我選擇焦糖褐色畫在餅皮周圍，紙袋周圍輪廓使用深咖啡色，紙袋上的印章輪廓則改成深紅色。

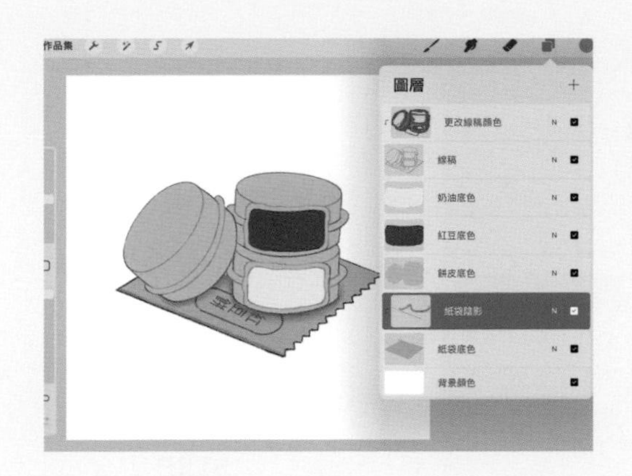

STEP · 3

紙袋底色圖層上方開新圖層，點選剪切遮罩功能，選擇柔和粉彩筆刷，使用比紙袋底色更深的咖啡色在紙袋疊加陰影，可以特別強調袋子邊緣和被車輪餅壓到的邊緣，這些地方的顏色都會比較深。

STEP · 4

餅皮底色圖層上方開新圖層，點選這個圖層並選擇剪切遮罩功能，繼續用柔和粉彩筆刷，使用深橘黃色在餅皮上疊加陰影與立體感，可以特別強調餅皮的外圈與交相重疊處，這些區塊的陰影比較深，可以多疊幾層顏色。

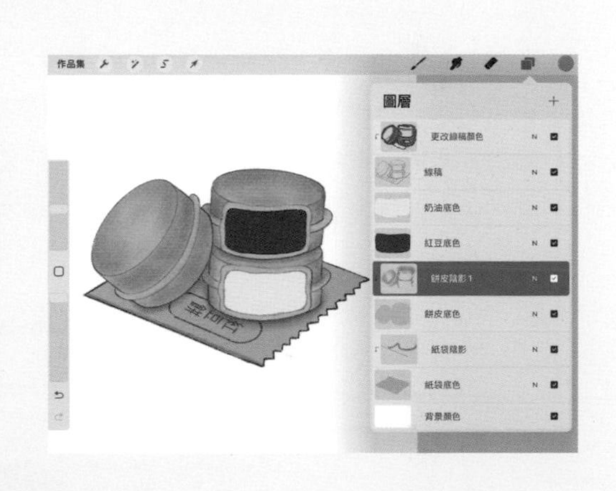

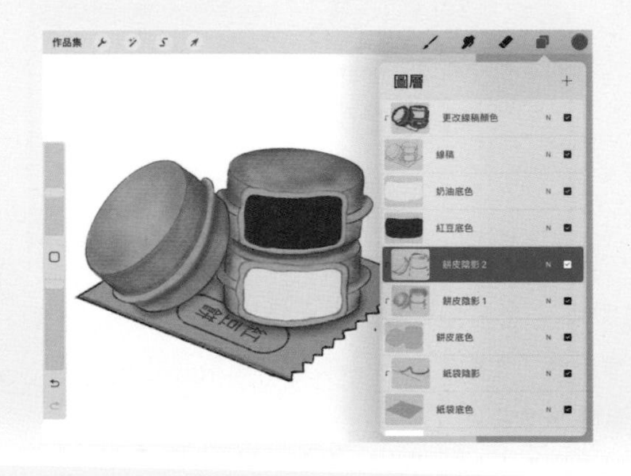

STEP · 5

繼續在上方開新剪切遮罩圖層，圖層命名時在後方加上陰影 2，使用柔和粉彩筆刷，選擇更深的咖啡色持續堆疊；顏色越深，餅皮看起來烘烤得越焦香。

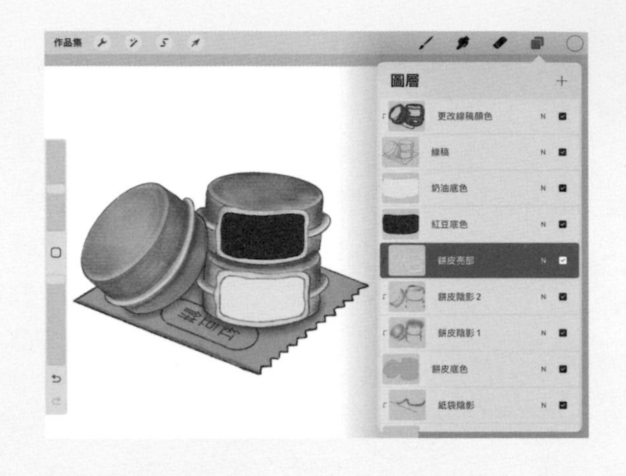

STEP · 6

在餅皮陰影 2 圖層上方開新剪切遮罩圖層，圖層命名爲餅皮亮部，繼續使用柔和粉彩筆刷，選擇較淺的淡黃色，打亮餅皮沒被烘烤到的地方，像是邊緣環繞的那圈麵皮和餡料開口的周圍，可以塗淺一點。如果想加強餅皮質感，可選擇滴濺筆刷在餅皮上做出潑灑效果，表現麵皮顏色層次感。

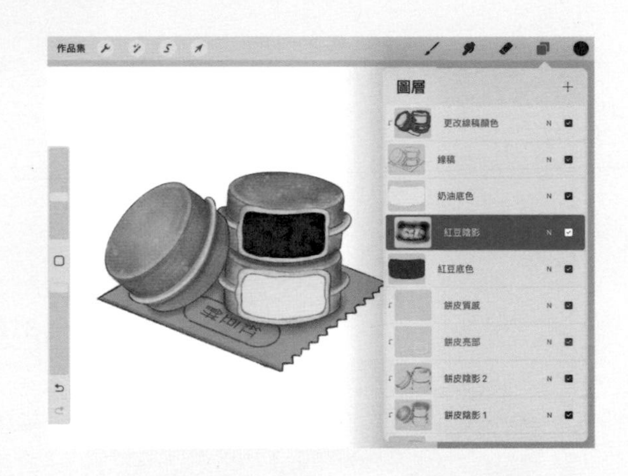

STEP · 7

紅豆底色圖層上方開新剪切遮罩圖層 ，命名爲紅豆陰影，繼續使用柔和粉彩筆刷，再用深紅色在紅豆餡邊緣慢慢堆疊，並在紅豆泥中繪畫出幾顆紅豆的形狀，不要一次下手太重，輕輕一筆一筆慢慢堆疊。

STEP · 8

在上方繼續開新剪切遮罩圖層，命名為紅豆陰影 2，使用柔和粉彩筆刷，以更深的紅色或咖啡色加強刻劃紅豆形狀，凸出來的紅豆顏色稍淺，凹陷的紅豆泥顏色會較深。

STEP · 9

在上方繼續開新剪切遮罩圖層，命名為紅豆高光，使用柔和粉彩筆刷，用白色在紅豆上和周圍畫出細細的筆觸，呈現紅豆的可口光澤。

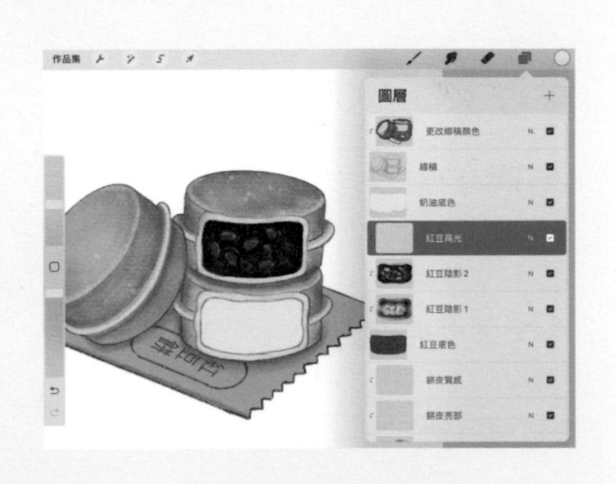

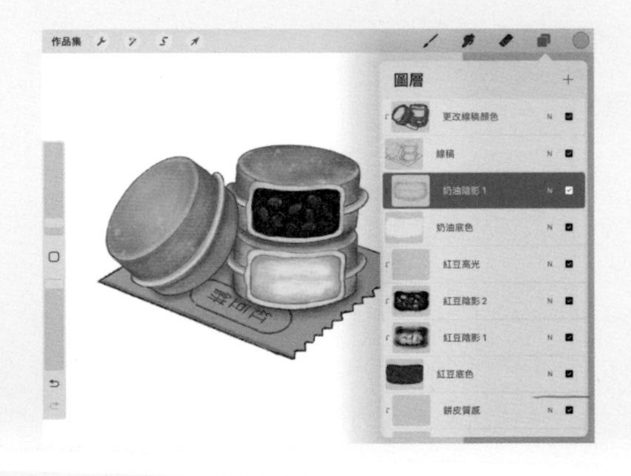

STEP · 10

奶油底色圖層上方開新剪切遮罩圖層，命名為奶油陰影 1，繼續使用柔和粉彩筆刷，使用深黃色輕輕堆疊在奶油餡邊緣，並輕輕刻劃出奶油餡不規則的形狀，一樣輕輕一筆一筆慢慢堆疊。

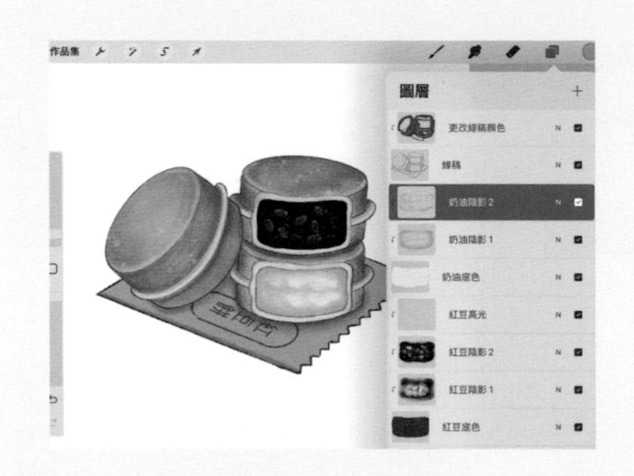

STEP · 11

如果覺得奶油不夠立體，可在上方繼續開奶油陰影 2 圖層，使用柔和粉彩筆刷，以更深的橘黃色刻劃奶油形狀，加強明暗對比，強調奶油的立體感。

STEP · 12

在上方繼續開新剪切遮罩圖層，命名為奶油高光，使用柔和粉彩筆刷，將白色畫在奶油餡最亮的地方，呈現閃亮可口的光澤。

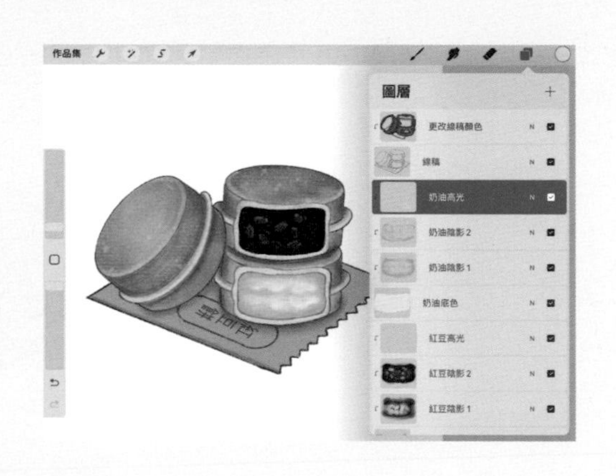

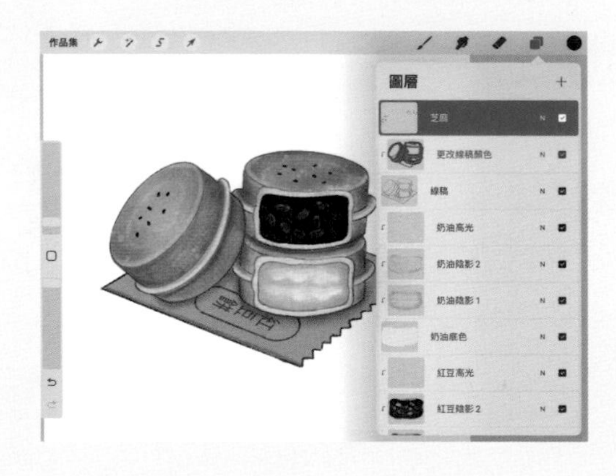

STEP · 13

在最上方開新圖層，使用 6B 鉛筆筆刷，用黑色繪畫出餅皮上的芝麻裝飾。

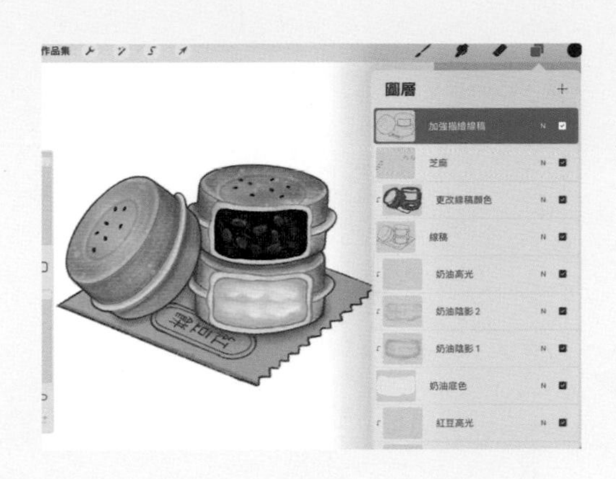

STEP · 14

在最頂端開新圖層，使用 6B 鉛筆筆刷，用更深的顏色加強描繪線稿，並重描一次紅豆餅字樣，讓紙袋上的圖案與文字看起來更有手繪感。

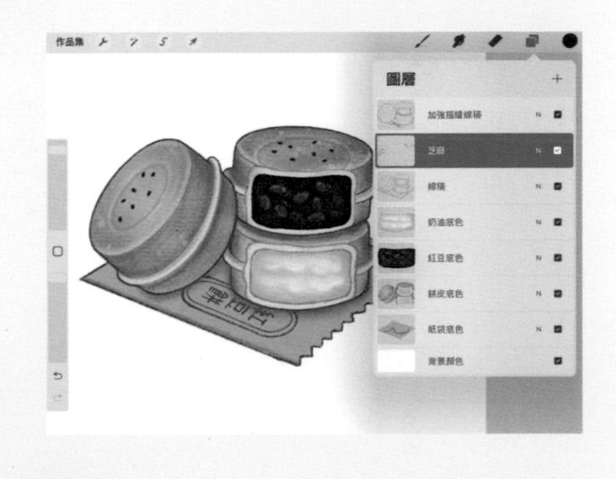

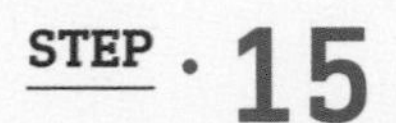

把所有剪切遮罩圖層與底下的底色圖層合併整理好。

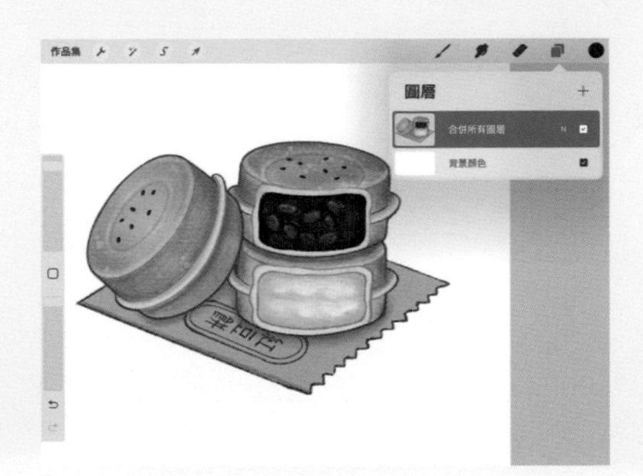

STEP · 16

所有圖層捏和，合併在同一個圖層，就可以準備幫插圖加上特殊紙質或雜訊效果。

增添粉彩紙質效果

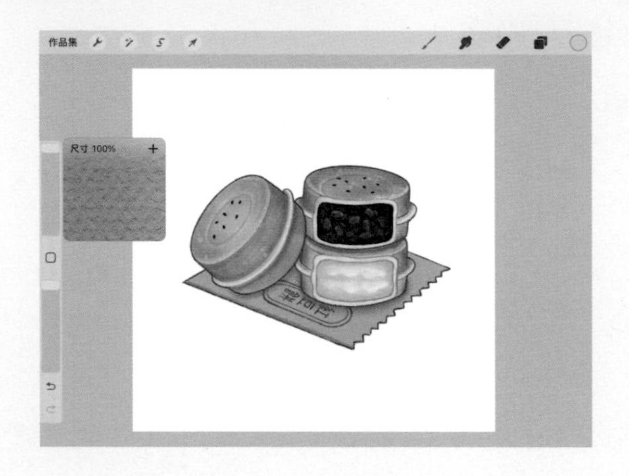

STEP．1

在插畫圖層上方開新圖層命名爲粉彩紙材質，選擇柔和粉彩筆刷，選擇灰色並將筆刷尺寸調到 100%

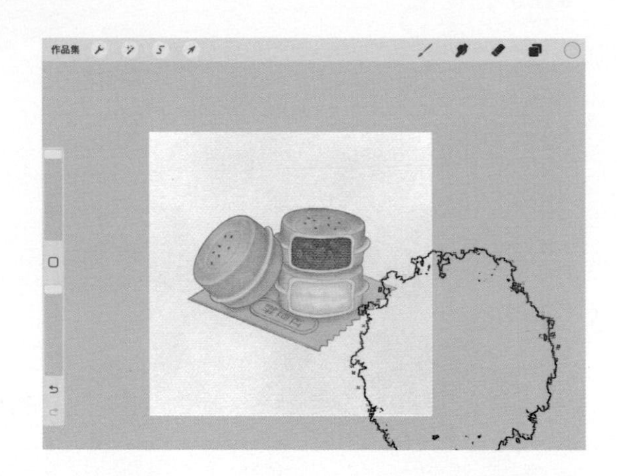

STEP．2

使用筆刷快速、均勻刷在整張畫布上，製造出粉彩紙般的特殊質感。

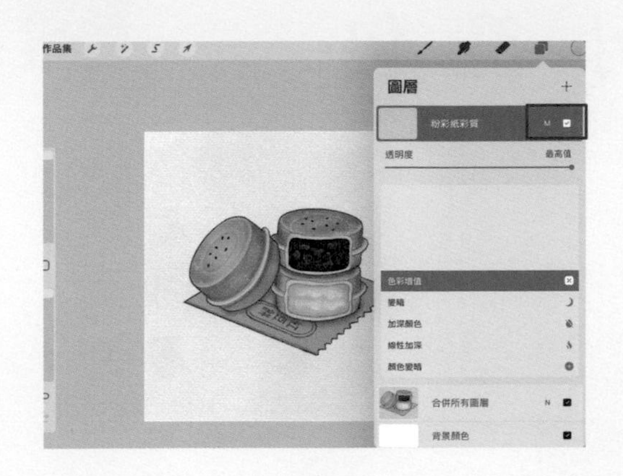

STEP · 3

點選右方的字母 N（正常模式），改成最上方的色彩增值模式，粉彩紙材質便會與插畫融合。

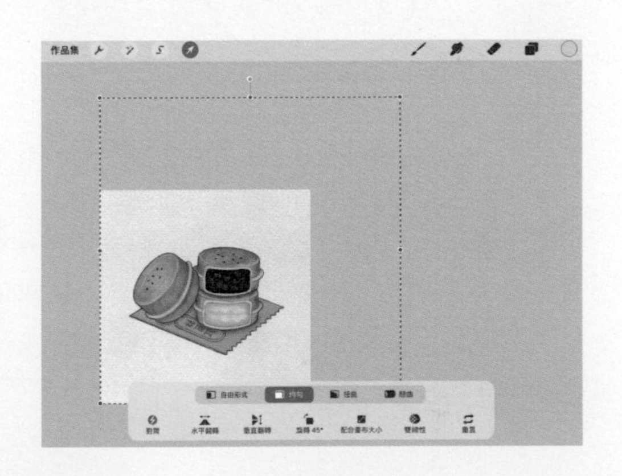

STEP · 4

如果覺得紙紋顆粒不夠明顯，可以點選上方工具列的箭頭變形工具，將此圖層的紙紋往四周拉大，這樣紙張的顆粒會更大顆，紋路也會更明顯。

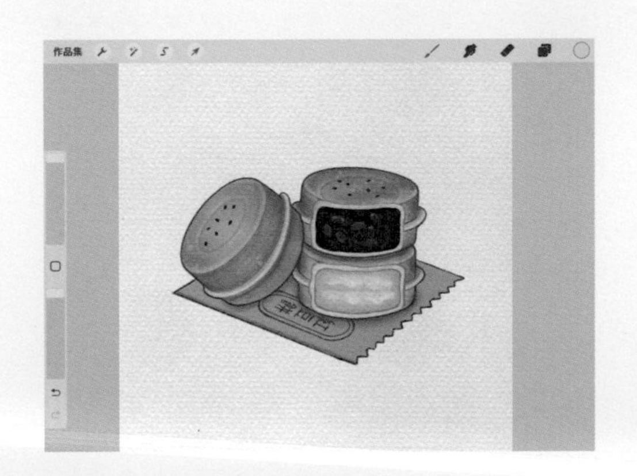

STEP · 5

完成延展紙張後，視喜好決定是否加入雜訊效果，這樣就完成這張插畫了。

暖身練習

5

小籠包

繪製草稿與線稿

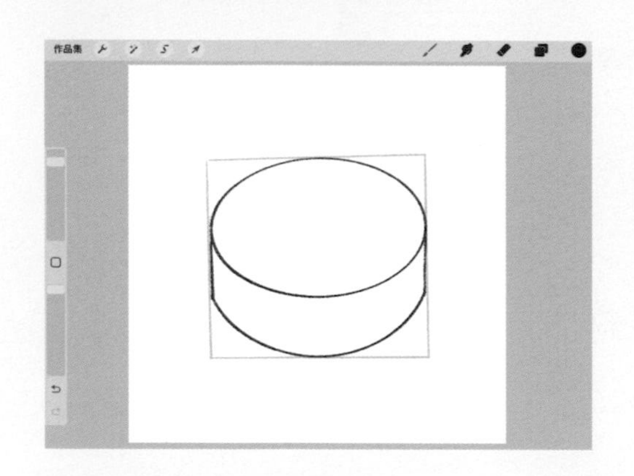

STEP · 1

這張草稿是在 Procreate 中繪製。用 6B 鉛筆繪畫出蒸籠大致的形狀，先畫一個四邊形當參考線，把參考線圖層透明度調低後開新圖層，畫出蒸籠開口的橢圓形與底下的厚度。繪製線條時筆尖在畫面上停留久一點，讓內建的快速繪圖形狀工具自動將線條修正得更滑順。

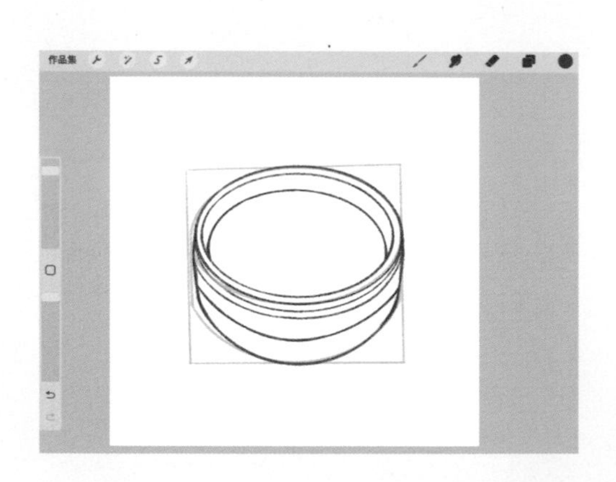

STEP · 2

步驟 1 參考線圖層透明度調淡，開新圖層繪製小籠包的草稿，蒸籠細節比較多，可以多找一些照片仔細觀察蒸籠的結構，再慢慢拉出圓弧的線條。

STEP · 3

畫出每顆小籠包的位置，先用圓形大概框出來，不用繪製細節。

STEP · 4

草稿圖層透明度調低，能看到淡淡的線條就可以。在上方開新圖層，命名爲線稿圖層，此圖層用 6B 鉛筆筆刷，使用確定的線條慢慢勾勒出小籠包的線稿。

STEP · 5

開新圖層畫出小籠包的形狀，如果希望每顆大小、形狀整齊一致，可以點擊選取工具，使用徒手畫功能框出一顆畫好的小籠包，點選拷貝 & 貼上，便可快速複製新的小籠包。

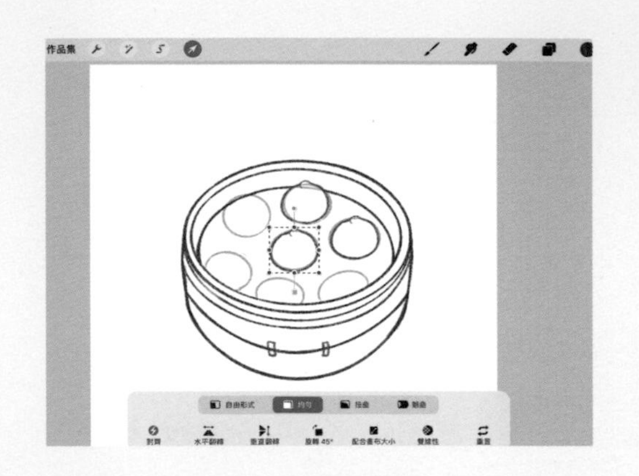

STEP · 6

切換到箭頭變形工具， 就可以將複製好的小籠包形狀移動到之前畫好的位置。

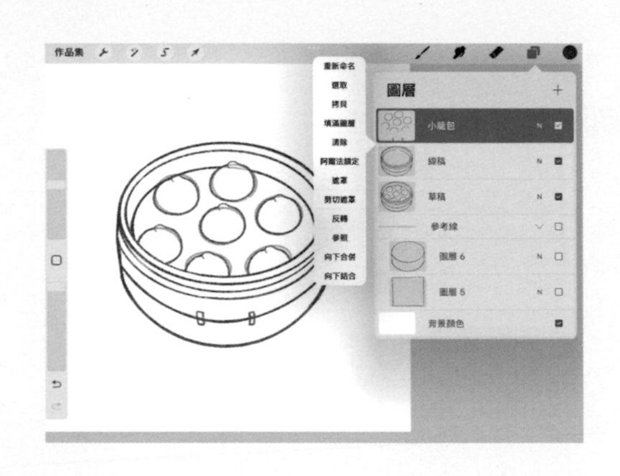

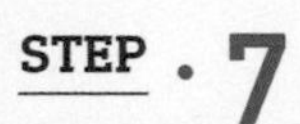

點擊小籠包圖層，點選向下合併，將線稿合併整理在同一圖層。

STEP · 8

小籠包加上皺褶，把不會用到的參考線圖層和草稿圖層隱藏或刪除，留下線稿圖層，準備上色。

上色與增添細節

STEP · 1

線稿圖層下方開三個新圖層，分別命名爲小籠包底色、蒸籠紙底色和蒸籠底色，使用畫室畫筆筆刷框出色塊範圍，並用色彩快塡功能，將顏色拉到色塊中。

STEP · 2

在蒸籠底色上方開新圖層，點選此圖層並選擇剪切遮罩功能，選擇柔和粉彩筆刷，使用比橘黃底色深的咖啡色疊色，表現蒸籠的陰影。如果一層顏色不夠，可以再開新圖層（目的是爲了方便修改），繼續疊色強調蒸籠兩側和上方內緣，這些區塊疊色越多層，蒸籠越有立體感。

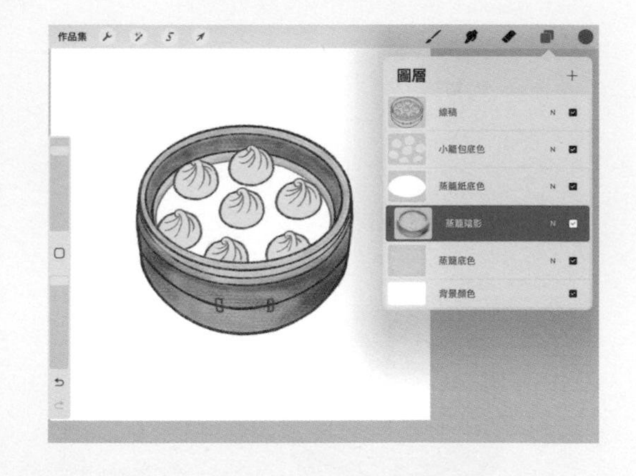

STEP・3

蒸籠紙底色圖層透明度調至 90%，稍微有一點透明度即可。

STEP・4

蒸籠紙底色圖層下方開新圖層，使用乾式墨粉筆刷，畫出蒸籠底部長條形孔洞，鋪在上面的蒸籠紙帶有一點透明度，會隱約透出孔洞顏色。

STEP・5

在蒸籠紙底色圖層上方開新剪切遮罩圖層，選擇柔和粉彩筆刷，用淡紫色輕輕刷在每顆小籠包下方製造陰影。

STEP · 6

在上方繼續開新剪切遮罩圖層，選擇柔和粉彩筆刷，用深紫色輕輕刷在每顆小籠包下方，讓陰影更明顯。上個步驟先用淺紫色畫出大範圍陰影，這個步驟用深紫色畫出小範圍陰影，陰影有漸層感，看起來會更自然。

STEP · 7

在小籠包底色圖層上方開新剪切遮罩圖層，命名爲小籠包陰影 1，繼續使用柔和粉彩筆刷，再用淺黃色慢慢堆疊在小籠包上，呈現溫暖可口的顏色。

STEP · 8

在上方繼續開新剪切遮罩圖層，命名爲小籠包陰影 2，繼續使用柔和粉彩筆刷，以更深的橘黃色加強刻劃小籠包立體感，可特別強調下方包餡料的地方，讓立體感更明顯。

STEP · 9

在上方繼續開新剪切遮罩圖層，使用柔和粉彩筆刷，用咖啡色堆疊在小籠包的陰影處。

STEP · 10

在上方開新剪切遮罩圖層 ，命名爲小籠包高光，使用接近白色的淺黃色，繪畫出小籠包皺褶處最亮的地方，強調皺褶立體感。

STEP · 11

在上方開新的剪切遮罩圖層，命名爲小籠包質感圖層，使用滴濺筆刷，以很淺的黃色灑在小籠包表面，呈現些許油光和湯汁的質感。

STEP · 12

在上方繼續開新圖層 ，命名爲細節底色，使用畫室畫筆筆刷，填滿蒸籠上鐵片和竹片的顏色。

STEP · 13

在上方開新剪接遮罩圖層，使用 6B 鉛筆筆刷，繪畫出鐵片上的光澤，可以先用深灰色加強陰影，再用白色強調最亮的地方，讓鐵片帶有閃閃發亮的質感。

STEP · 14

線稿上方開新剪切遮罩圖層 ，使用畫室畫筆筆刷改變線稿顏色，我將每顆小籠包周圍線稿改成溫暖的淺咖啡色，和蒸籠顏色更搭，暖色系也能強調可口的感覺。

增添紙質效果

STEP · 1

點選上方工具列的扳手，點擊插入一張照片，選擇一張喜歡的紙材圖片（我選用的是從 Paper-Co 下載的紙張素材），使用箭頭變形工具將紙張素材拉到符合畫布的大小。

STEP · 2

點擊圖層上的字母 N（正常模式），將屬性改成 M（色彩增值），即可看到畫面中的插圖上帶有紙張的特殊質感。

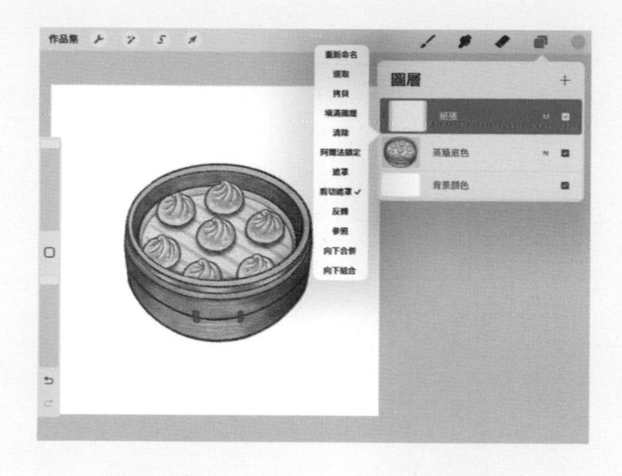

STEP · 3

如果想讓材質只出現在插圖裡，背景保持純白色，可以點擊紙張圖層並點選剪切遮罩功能，這樣就只有插畫會帶有特殊紋路。

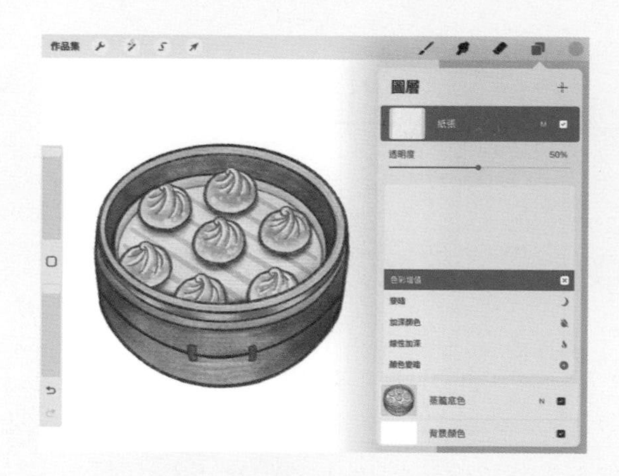

STEP · 4

如果覺得紙材紋路太明顯，可以點選圖層屬性，將透明度調到自己喜好的程度，就完成這張插畫作品了。

Chapter 2

療癒夜市美食，跟著學輕鬆畫

融入台式特色的華麗甜品

Taiwanese Crêpe

台式可麗餅

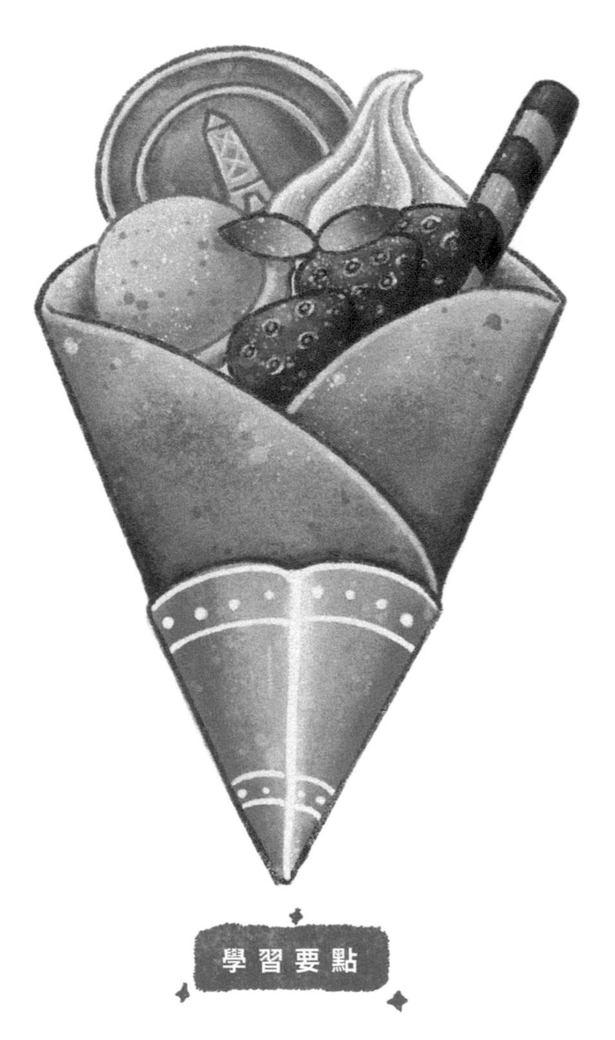

學習要點

1 分層填色

2 深淺色堆疊餅皮焦香感

3 疊加深色凸顯立體效果

烤到金黃色的薄脆外皮折成扇形包裹在外，甜的口味淋上抹醬像是花生或巧克力醬，鹹的則是加了玉米、火腿或沙拉等配料。

「可麗餅」譯自法文「Crêpe」，在法國是由小麥粉製成麵糊，使用平底鍋煎成香 Q 餅皮，並在餅皮淋上糖漿、冰淇淋或鮮奶油享用，口感綿密軟嫩，和台式可麗餅的酥脆口感很不一樣。可麗餅傳入日本時，餅皮雖被改良得較爲光滑，仍保有軟嫩口感，而餡料、裝飾則有了更花俏的變化，並在 1977 年由日本店鋪獨創餅皮捲成圓筒型吃法，從此蔚爲流行。

台灣的可麗餅初期是仿照日本製作，不久之後因應消費者喜好，慢慢演化出獨有的台式風格。台式可麗餅餅皮通常烤得較爲酥脆，接著再加入甜滋滋的抹醬或鹹味食材，更有店家研發出蔗燻鴨賞、三杯雞等獨特的台式口味。

建議使用筆刷

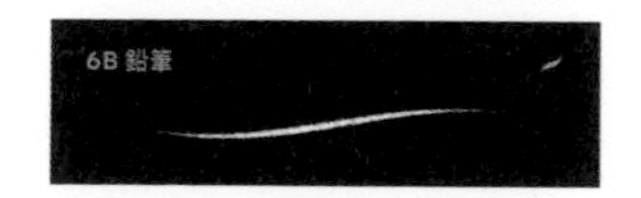

草稿與線稿 ▸ 6B 鉛筆

底色填充 ▸ 畫室畫筆

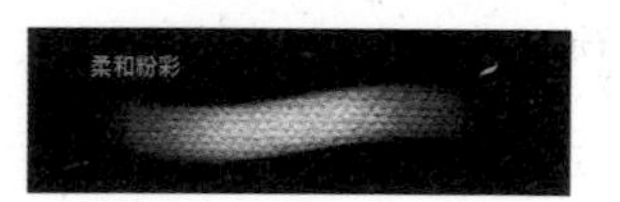

陰影 ▸ 柔和粉彩

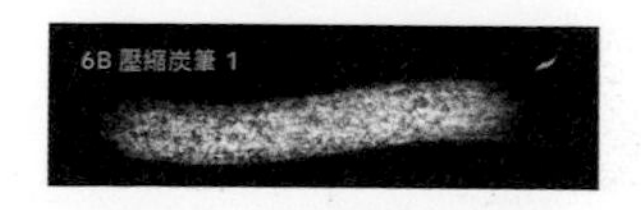

質感 ▸ 6B 壓縮炭筆／滴濺

技法重點

POINT · 1

不用擔心草稿線條看起來有些凌亂，只要開新圖層即可用簡單乾淨的線條勾勒出線稿，並任意加入喜歡的食材。

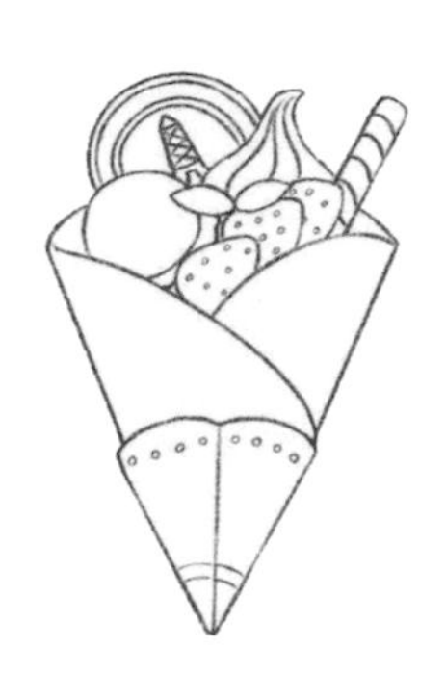

POINT · 2

使用畫室畫筆把可麗餅各區塊顏色快速填滿，記得不同區塊底色分別畫在不同圖層，方便之後修改和加強。

POINT · 3

在每個底色圖層上方開新圖層，選取剪切遮罩，使用柔和粉彩筆刷疊加各區塊的陰影和漸層，餅皮和餅皮裡的餅乾用橘色和褐色堆疊製造焦香感，或選擇淺黃色輕刷在每種食材上，營造溫暖與美味的感覺。

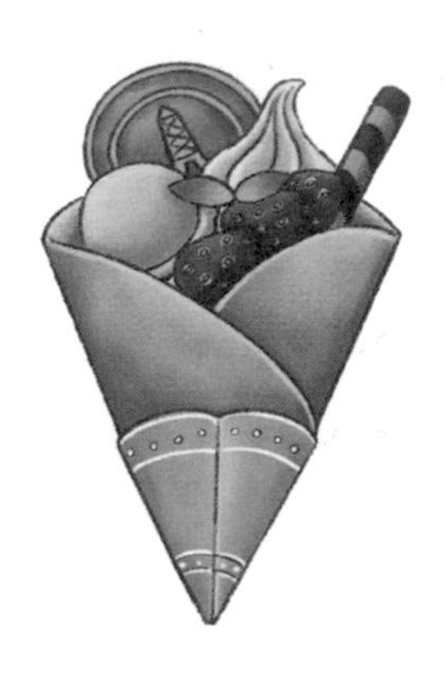

POINT・4

使用滴濺筆刷點在餅皮上，製造烘烤過的孔洞表面。

POINT・5

選擇 6B 壓縮炭筆，使用深色疊加在餅皮周圍和紙杯外圍，強調陰影和立體感，讓作品看起來更有手繪感。

POINT・6

選擇滴濺筆刷繼續加強冰淇淋和紙杯質感，把筆刷尺寸調細，將大量白色撒在食材上，製造灑了細緻糖粉的效果。

POINT・7

更改線稿顏色，讓原本深咖啡色的線稿顏色更活潑多變，可選擇和食材相近但深一點的顏色來繪製，紙杯則用白色線條來表現平滑閃亮的質感。

簡單食材組合成的經典美味

Scallion Pancakes

蔥油餅

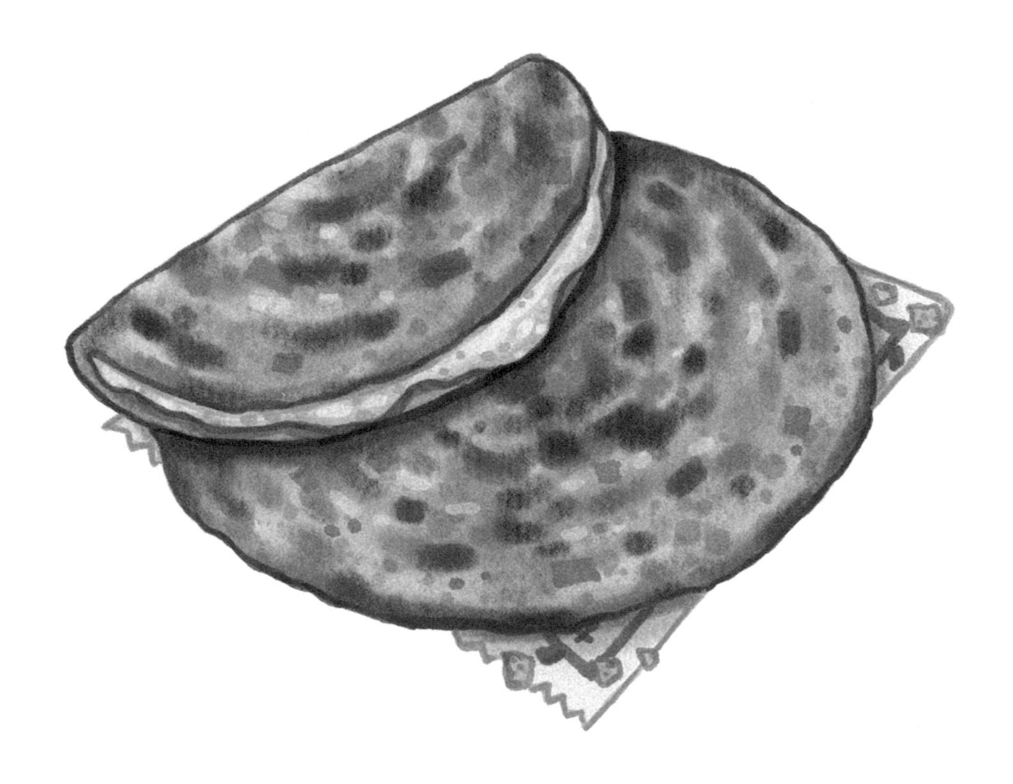

1 用深綠和淺綠色繪製出自然的蔥花

2 筆觸順著圓形的方向繪製

以富油脂的麵團製成，外酥內軟的口感及濃郁蔥花香，是流傳至今樸實卻難忘的美味。

說到台灣小吃，蔥油餅絕對佔有一席之地，不過外表平凡無奇的蔥油餅，是怎麼擄獲台灣人的心的呢？蔥油餅據說源自山東，是從一種名爲「支公餅」的餅演變而來。早期台灣爲農業社會，務農期間會準備有飽足感的麵食類點心，當時物資較爲缺乏，蔥在作農的鄉下地方隨手可得，於是便有人將其加入，做爲食材之一。

雖然之後務農人家漸漸變少，但這個平凡卻美味的小吃，仍然受到歡迎，而且隨著時代的演變，有人在麵團上做了改變，有的則是將蔥油餅當成餅皮，夾入各種餡料，不過不管大家喜歡的是原來的樸實味道，還是改良後的全新口感，蔥油餅仍是台灣人最愛的小吃之一。

建議使用筆刷

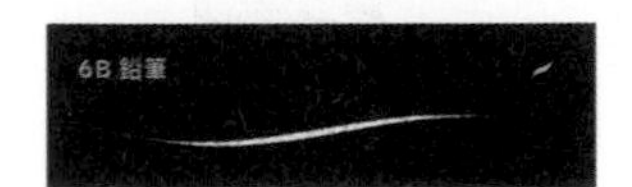

草稿與線稿 ▸ 6B 鉛筆／特調火絨盒

底色填充 ▸ 畫室畫筆

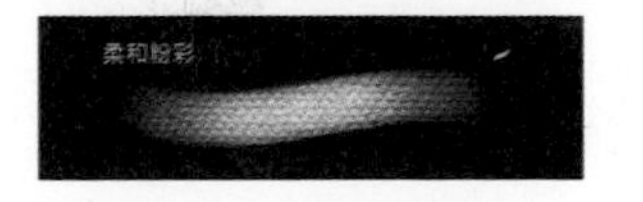

陰影與蔥花 ▸ 柔和粉彩

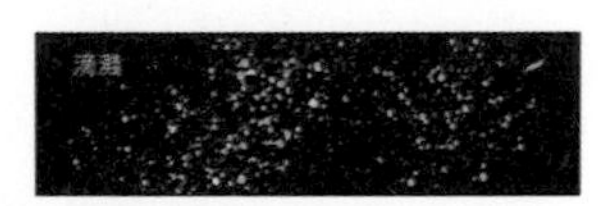

質感 ▸ 滴濺

蛋的細節 ▸ 特調火絨盒

技法重點

POINT · 1

用 6B 鉛筆畫出蔥油餅的輪廓，先畫一個鋪平的餅和一個加蛋後摺疊起來的餅，再畫出下方鋪墊的紙袋，完成後把此圖層透明度調淡，看得到淺淺的線條即可。

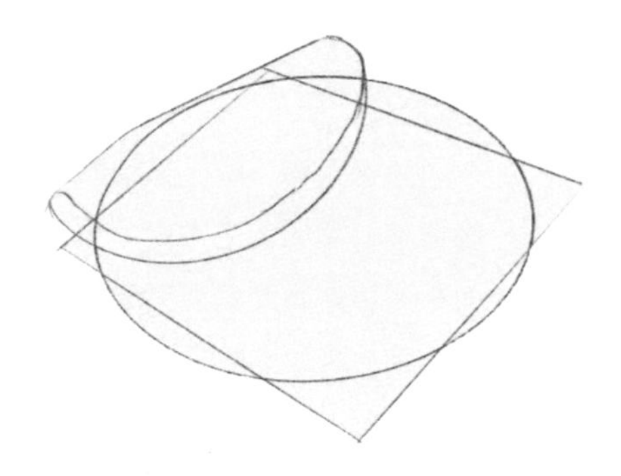

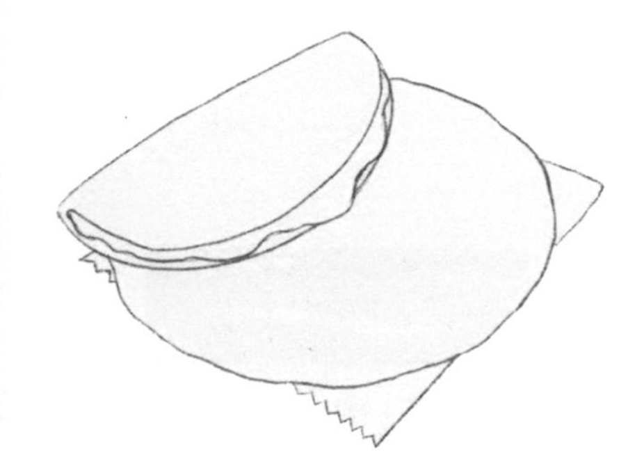

POINT · 2

在上方開新圖層，用深一點的顏色描繪出確切的線稿，蔥油餅邊緣不用太平整，有些地方凹陷或凸出，看起來比較自然。

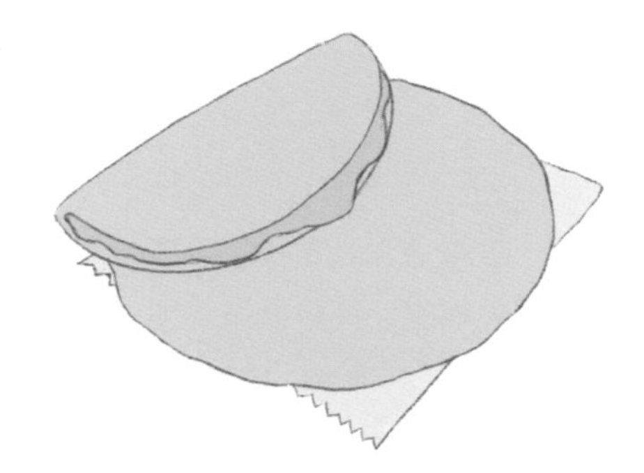

POINT．3

在線稿下方開新圖層，用畫室畫筆填充底色。除了食材與紙袋顏色分層畫，也可把完整的餅皮和折疊的餅皮底色畫在不同圖層，方便之後添加陰影與質感。

POINT．4

在餅皮圖層上方開新圖層，開啓剪切遮罩功能，用柔和粉彩筆刷，選擇帶有焦香感的淺褐色畫在餅皮上。這次畫的麵團爲螺旋狀，所以焦香部份會呈現接近同心圓的紋路，注意筆觸是否順著圓形方向。

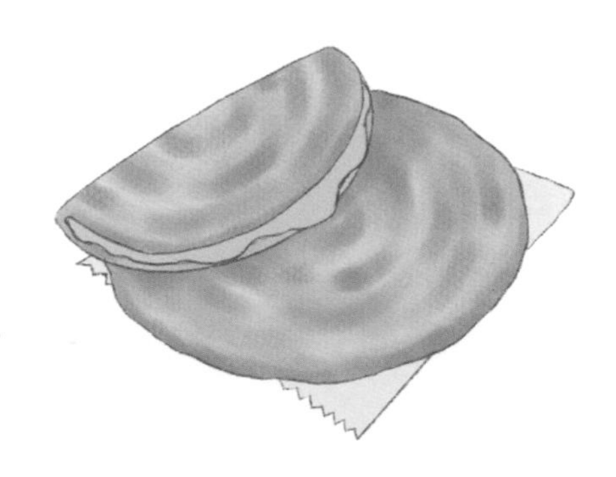

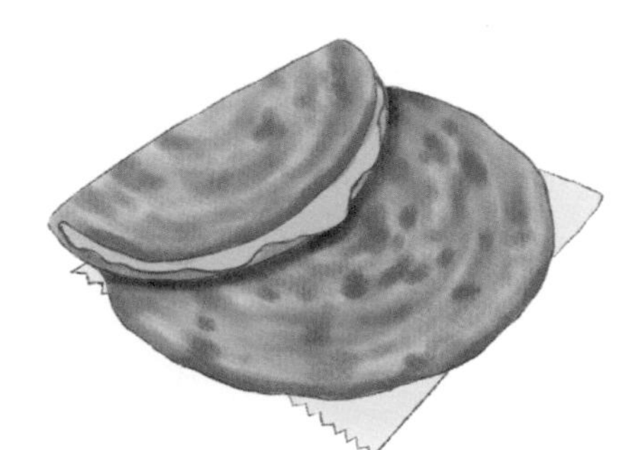

POINT．5

繼續在上方開新圖層，開啓剪切遮罩功能，選擇柔和粉彩筆刷，持續加深褐色，刷在煎到焦香的地方，同時畫在蔥油餅重疊處強調立體感。

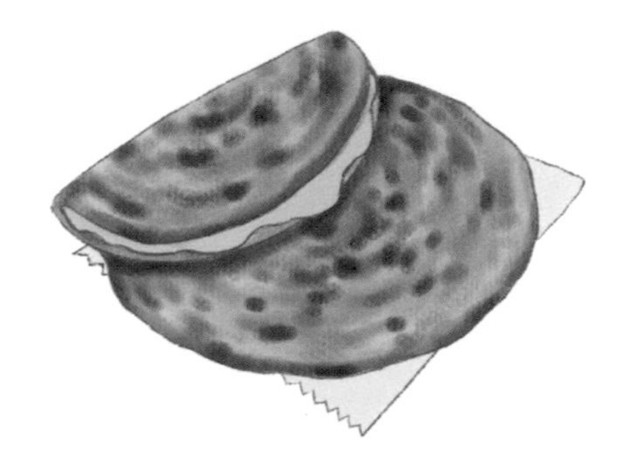

POINT · 6

繼續使用柔和粉彩筆刷，選擇更深的咖啡色和橘色疊刷在餅皮上，讓顏色更明顯。接著輪流用淺綠色與深綠色繪畫出蔥花。

POINT · 7

在蛋的底色圖層上方開新圖層，使用火絨盒筆刷繪畫出塊狀與點狀的蛋白。

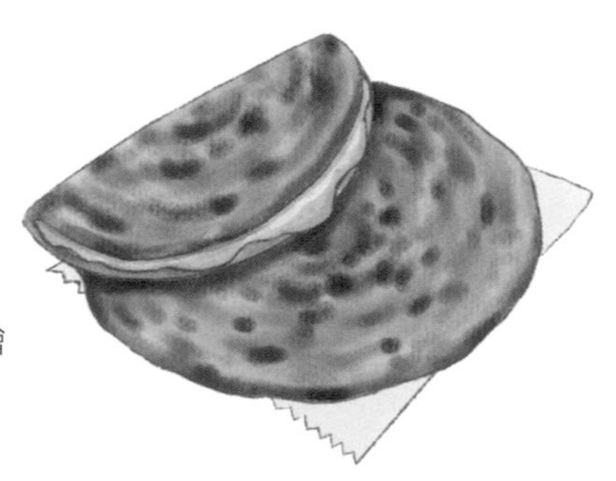

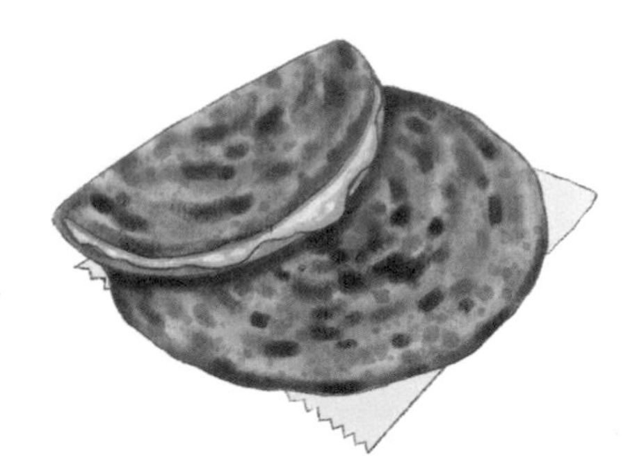

POINT · 8

在餅皮底色圖層上方開新剪接遮罩圖層，使用滴濺筆刷，選擇深咖啡色或橘黃色點綴餅皮，讓餅皮凹凸不平的質感更明顯。

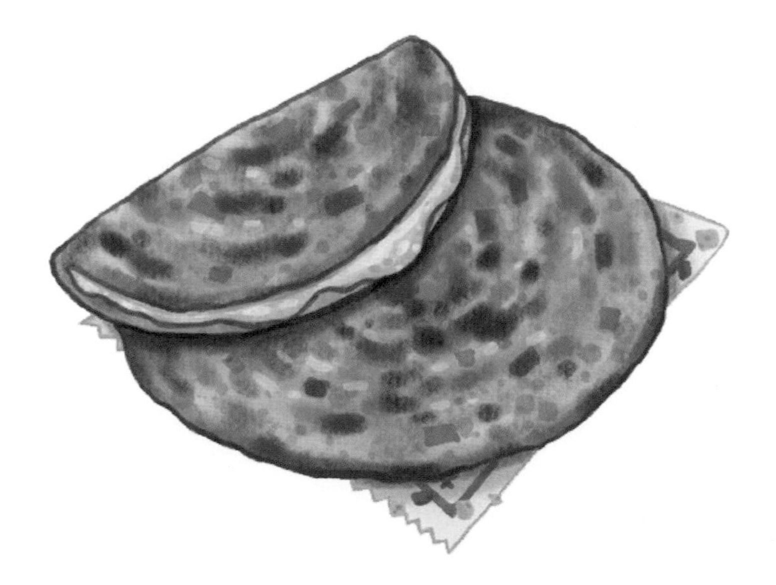

POINT．9

用火絨盒筆刷描繪深綠色蔥花；並在紙袋底色圖層上方開新剪切遮罩圖層，先用淺灰色畫出陰影，再用紅色繪畫出紙袋上印製的圖案；用同一枝筆刷，繪畫自然散落在旁邊的餅皮碎屑，再用深色重新描繪一次線稿。

專屬於夏天的酸甜滋味

Mango Ice

芒果冰

1 強調芒果重疊處，製造立體感

2 使用滴濺筆刷，刻畫可口的碎冰

> **芒果冰主要材料爲新鮮芒果，有時將煉乳、冰淇淋覆蓋在剉冰上，讓口味變得酸甜且更清涼解暑。**

熱鬧的夜市除了聚集來自各地的熱食小吃、甜點，因台灣的炎熱氣候，冰品更是夜市的人氣選項，其中使用台灣有名的芒果結合刨冰的芒果冰，尤其受到喜愛，且火紅程度不只台灣人喜歡，甚至一度紅到國外，被國外新聞台票選爲全世界最好吃的甜點之一。

不過芒果冰是怎麼來的呢？據說是臺北一家冰店老闆愛吃芒果，突發奇想將芒果果肉切成丁，做成刨冰的配料，不同以往偏甜味的配料，刨冰加入芒果果肉，吃起來清爽不甜膩，同時還能享受果肉口感，口味上有人喜歡單純的芒果冰，有人則會淋上煉乳、芒果醬，來增添更多風味。

建議使用筆刷

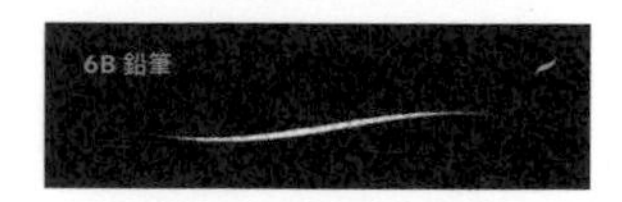

草稿與線稿▸6B 鉛筆／特調火絨盒

底色填充▸畫室畫筆

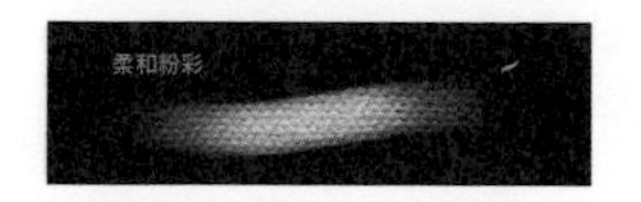

陰影▸柔和粉彩

質感▸滴濺

碗的條紋細節▸特調火絨盒

技法重點

POINT · 1

依參考照片畫完線稿後，在線稿圖層下方開新圖層，用畫室畫筆填充底色。芒果、冰淇淋、刨冰和碗畫在不同圖層，方便之後添加陰影與細節。

POINT · 2

在芒果塊的底色圖層上方開新圖層，開啓剪切遮罩功能，使用柔和粉彩筆刷疊加出芒果塊的深黃色陰影。

POINT · 3

在上方繼續開新圖層，開啓剪切遮罩功能，使用柔和粉彩筆刷，用更深的黃色和橘色疊加出更深的陰影，強調每塊芒果重疊處，讓芒果看起來更有立體感。

POINT・4

在上方繼續開新圖層，開啓剪切遮罩功能，繼續用柔和粉彩筆刷，選擇白色畫在芒果塊上，畫出淋在芒果上的煉乳。線稿圖層透明度調淡，可呈現出目前繪製的色彩和形體。

POINT・5

在冰淇淋的底色圖層上方開新圖層，開啓剪切遮罩功能，使用柔和粉彩筆刷疊加出冰淇淋下方的深黃色與橘色陰影。完成後，使用滴濺筆刷，以白色點綴冰淇淋和芒果塊，增添類似水彩潑灑質感。

POINT・6

在刨冰的底色圖層上方開新圖層，開啓剪切遮罩功能，使用柔和粉彩筆刷疊加出刨冰的淺灰色陰影。完成後，使用滴濺筆刷，以白色和灰色點綴刨冰，製造碎冰的顆粒質感。

POINT・7

在碗的底色圖層上方開新圖層，開啓剪切遮罩功能，使用柔和粉彩筆刷疊加出碗的淺藍色陰影。完成後，使用火絨盒筆刷，以藍色繪畫出碗上的條紋，增加畫面豐富感。

台灣人最熟悉的濃郁飲品

Papaya Milk

木瓜牛奶

1. 底色畫在不同圖層方便疊加陰影
2. 用白色展現食物光澤、美味

現打的木瓜牛奶綿密順口，滋味香醇濃郁，
搭配清涼的冰塊碎粒，是夜市最佳消暑聖品！

木瓜牛奶起源眾說紛紜，其中一說是1971年時飲品攤販在試驗多種水果與牛奶的搭配後，發現木瓜香甜溫潤的口感最適合和濃郁的牛乳搭配，因此推出此飲品；而在70年代，台農培育出新品種木瓜台農2號，加上酪農業逐漸興盛，因此木瓜牛奶便成了夜市和冰菓室的明星飲品！

木瓜和牛奶都是高營養食材，木瓜打成泥狀製成的木瓜牛奶加入大量碎冰，清涼消暑且充滿飽足感的濃郁滋味，還曾打敗珍珠奶茶，躍上上班族最愛飲品第一名。除了在夜市和冰菓室可品嚐到現打的木瓜牛乳，便利商店和超商也出現盒裝木瓜牛乳，甚至還推出木瓜牛奶口味的夾心餅乾、軟糖、冰棒等等商品，多年來始終人氣未減。

建議使用筆刷

草稿與線稿 ▸ 6B 鉛筆

底色填充 ▸ 畫室畫筆

陰影 ▸ 柔和粉彩

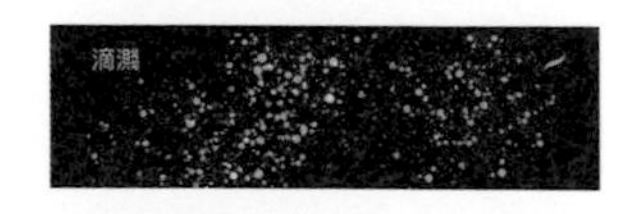

質感 ▸ 滴濺

杯子花紋與文字 ▸ 特調乾式墨粉

技法重點

POINT．1

先畫出杯子、吸管和裡面的木瓜牛奶，杯子正面的橫線盡量保持圓弧，才能強調立體感。右下角加入三塊接近立方體的木瓜切塊，建議在新圖層繪製，方便之後修改或擦除不要的線條。

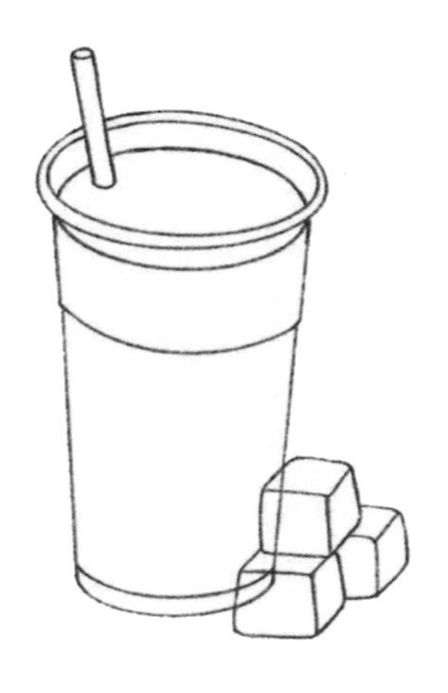

POINT．2

使用畫室畫筆筆刷將各區塊填入底色，底色分別畫在不同圖層，方便之後疊加陰影。

POINT．3

使用柔和粉彩筆刷疊加出木瓜牛奶的陰影，慢慢加深顏色讓漸層更自然；杯子中間用白色刷一條反光，強調立體感，並選擇滴濺筆刷，把橘色點在木瓜牛奶上，製造綿密的泡沫狀質感。

POINT．4

選擇柔和粉彩筆刷，用深橘色加強木瓜切塊立體感，將淺橘色或白色刷在最上方，被光線照到的那面，讓它的顏色看起來最亮。

POINT．5

繼續使用柔和粉彩筆刷和滴濺筆刷強調木瓜牛奶的質感，在吸管周圍及木瓜切塊每個面的轉折處，用白色加強，利用白色強調食物光澤，讓食物看起來美味。

POINT．6

使用乾式墨粉筆刷，畫杯子上的裝飾線條，寫上木瓜牛奶字樣。這枝筆刷帶有粗糙紋理，不像畫室畫筆那麼平滑，拿來寫字或描繪餐具的紋樣，更能強調手繪感。

盛載歷史源淵的家鄉小吃

Oyster Omelette

蚵仔煎

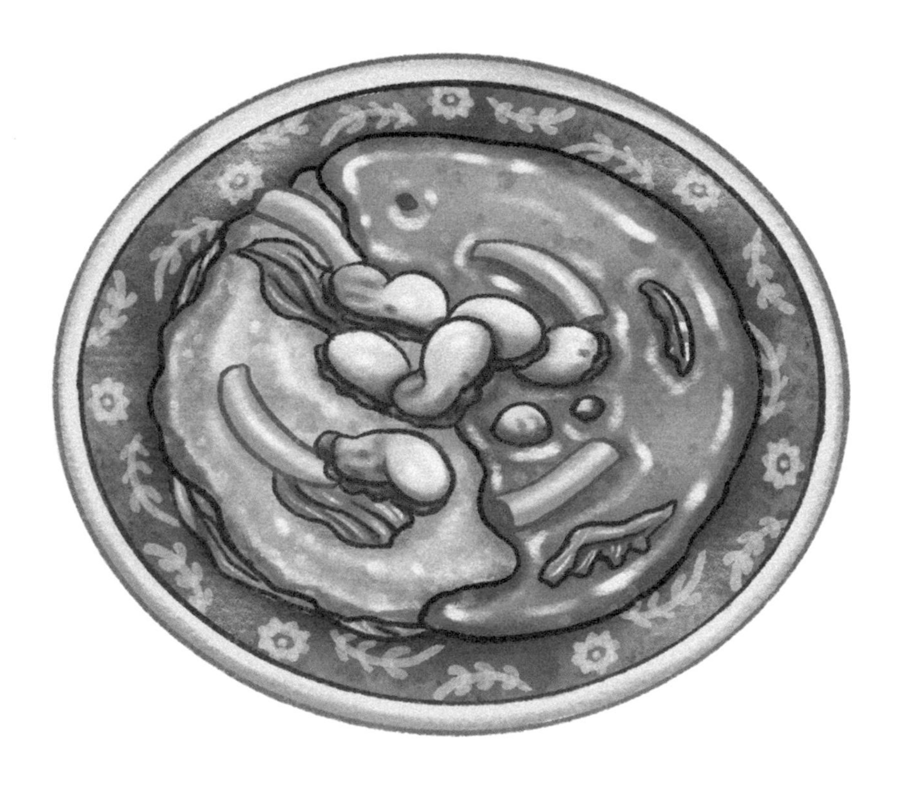

1. 利用白色製造食材光澤感
2. 複製圖層快速完成花紋繪製

新鮮肥美的蚵仔，滑嫩的雞蛋、清甜的蔬菜，淋上粉漿煎到焦香酥脆，做法簡單樸實，卻是最經典夜市小吃！

蚵仔煎來自福建一帶，據說最早是以粉漿包裹蚵仔、豬肉、香菇等各種食材煎成的餅狀物。蚵仔煎來源衆說紛紜，最有名的傳說是鄭成功攻臺之役時，荷蘭人將臺南附近所有米糧全部藏起來，鄭軍爲了節約白米，將蚵仔裹以地瓜粉煎炸成類似家鄉的小吃，後來才漸漸演變爲人熟知的蚵仔煎。

台灣每個夜市幾乎都有賣蚵仔煎的攤位，但每家製作原料、方法各有不同，比如蔬菜可能是茼蒿、小白菜或豆芽菜，勾芡的食用澱粉可能是地瓜粉、馬鈴薯粉或樹薯粉，醬汁更從醬油膏、番茄醬、甜辣醬到豆瓣醬都有，許多店家甚至會混合各種醬料，成爲自己的獨門特調秘方。

建議使用筆刷

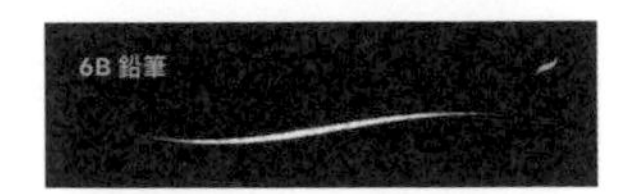

草稿與線稿 ▸ 6B 鉛筆

底色填充 ▸ 畫室畫筆

陰影 ▸ 柔和粉彩

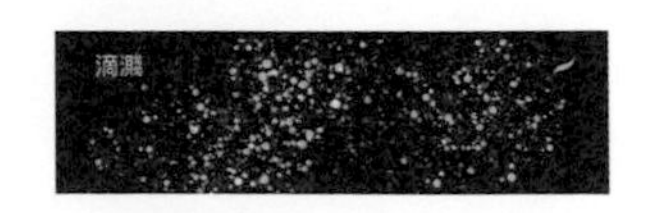

質感 ▸ 滴濺

盤子藍色與白色花紋 ▸ 特調火絨盒

技法重點

POINT · 1

畫出清晰線稿後，在下方開幾個新的圖層畫底色，使用畫室畫筆框出每個區塊，再將顏色拉進區塊，即可快速填滿每種食材的底色。

POINT · 2

盤子的藍色釉彩使用特調火絨盒筆刷繪製，看起來會更有質樸感。

POINT · 3

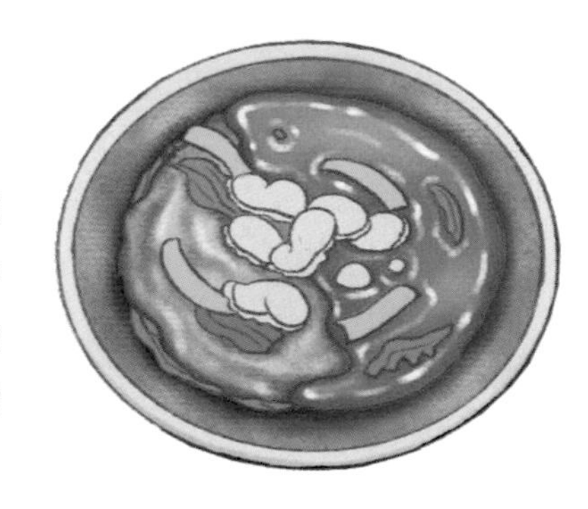

選擇柔和粉彩筆刷，在每種食材上方開新的剪切遮罩圖層，繪製出陰影和立體感，黃色蛋煎用淺咖啡色堆疊，畫出蛋的波紋，橘色醬料用深橘紅色強調。前面動作完成後，繼續使用柔和粉彩或 6B 鉛筆，畫出白色高光。

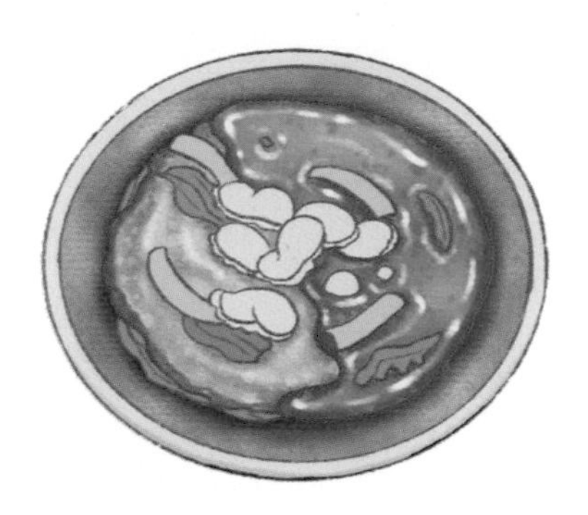

POINT · 4

使用滴濺筆刷點在蚵仔煎上面，製造蛋煎焦脆和醬料濃稠的質感。

POINT · 5

先用特調火絨盒筆刷畫出器皿紋理，最後再加入花朵和葉子圖樣點綴。畫好局部花紋後，使用複製圖層功能，將圖案複製多次並旋轉，即可快速完成整個盤子的花紋。

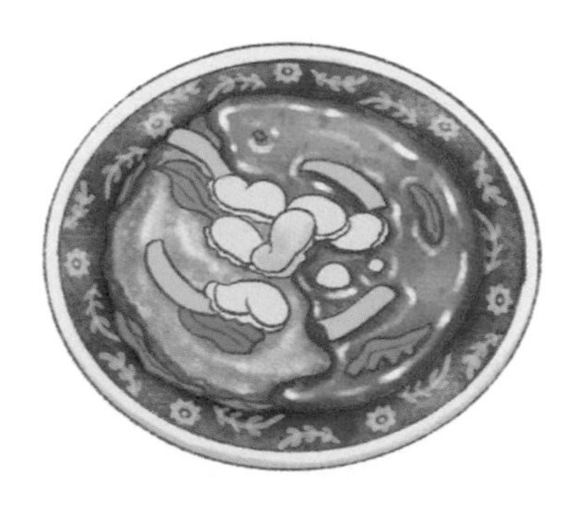

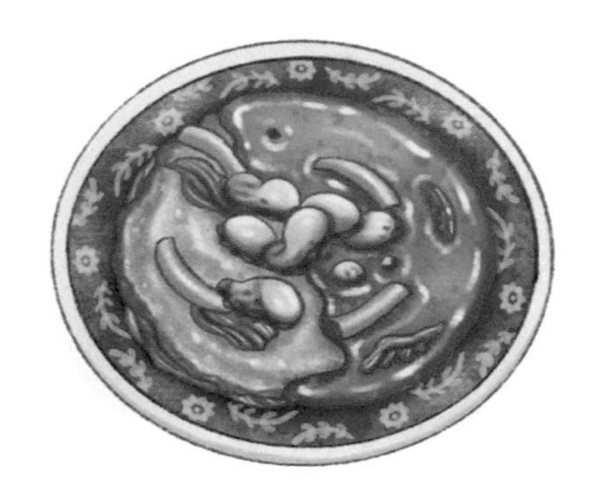

POINT · 6

最後使用柔和粉彩筆刷加深蚵仔與青菜陰影，並用 6B 鉛筆畫出上方的白色高光，讓每種食材帶有光澤，即完成這張作品。

樸實但美味的國民美食

Pork Thick Soup

肉羹湯

1 使用線條或點狀畫出油亮質感

2 適當調整圖層透明度

外表樸實，但一碗好吃的肉羹湯藏有不少細節，
除了肉羹要口感彈牙，湯頭調味更要掌握得宜。

肉羹湯可說是台灣國民美食之一，是夜市必不可少的小吃，也常見在街邊小巷中販賣，這道大家熟悉的食物，其實單純是由肉和羹湯組合而成，其中羹湯指的是將食材熬煮或勾芡成稠狀的湯品，隨著加入的東西不同，便會有肉羹、魷魚羹、花枝羹，甚至是鴨肉羹等各式各樣的羹湯。

相對於其它羹湯，肉羹湯最爲普遍且常見，早期的肉羹湯是在羹湯放入豬肉絲，之後隨著生活水準提高，食物製作方式越趨精緻，便有人將羹湯裡的豬肉絲裹上魚漿或地瓜粉，讓口感變得滑嫩可口，若是講究還會利用瘦肉、肥豬肉、魚漿來調配出肉羹最佳比例，亦或是在羹湯裡加入和香菇、散翅等，爲其增添口感與賣相。

建議使用筆刷

草稿與線稿 ▸ 6B 鉛筆／特調火絨盒

畫室畫筆

底色填充 ▸ 畫室畫筆

柔和粉彩

陰影 ▸ 柔和粉彩

高光與細節 ▸ 特調火絨盒

技法重點

POINT · 1

用 6B 鉛筆畫出碗和湯匙的輪廓，把碗和湯匙畫在不同圖層，方便之後修改與擦除。

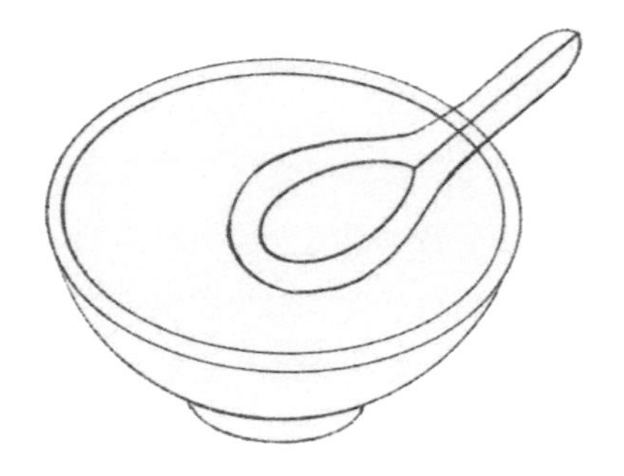

POINT · 2

開新圖層，繪畫肉羹、香菜、金針菇與湯，肉羹邊緣應呈不規則狀，看起來才真實自然。

POINT・3

在線稿下方開新圖層，用畫室畫筆填充底色。把肉羹、香菜、金針菇、湯匙和碗的底色分別畫在不同圖層，方便之後添加陰影。湯的顏色使用火絨盒筆刷繪畫，呈現液體質地。

POINT・4

在肉羹底色上方開新圖層，開啓剪切遮罩功能，使用柔和粉彩筆刷，選用比底色深的灰色畫出凹陷處的陰影。

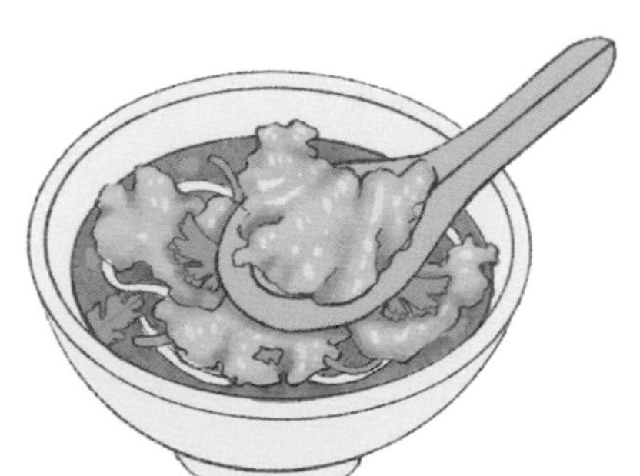

POINT・5

在上方繼續開新圖層，開啓剪切遮罩功能，改成使用火絨盒筆刷，選用白色，交替使用線條、點狀的筆觸繪畫，刻劃出肉羹的油亮質感。

POINT · 6

在上方開新圖層，使用火絨盒筆刷加強細節，描繪肉羹凹陷處和被香菜覆蓋的地方，也可使用深咖啡色加強描繪肉羹的邊緣，讓輪廓線更明顯。

POINT · 7

開新圖層，使用火絨盒筆刷，繪製湯覆蓋到肉羹的部份，這枝筆刷帶有透明度，繪製後仍可看到湯底的肉羹，如果覺得不夠透明，可再將此圖層透明度調低，讓湯底的肉羹更明顯。

POINT · 8

在碗和湯匙的底色上方開新剪切遮罩圖層，使用柔和粉彩筆刷，繪製碗和湯匙的陰影，並採用更亮的顏色，強調碗和湯匙的反光效果。

POINT．9

使用火絨盒筆刷，順著碗的外側與內緣加入深淺不一的條狀筆觸，加強手繪感，用同一枝筆刷，在碗的外側描繪玫瑰花圖案，讓餐具感覺更有古早味。

不管羹湯還乾炒皆美味的府城美食

Eel Noodles

鱔魚意麵

1. 陰影分層處理更好掌握
2. 選用帶透明度筆刷繪出水彩質感

脆嫩的鱔魚搭配濃郁酸甜的燴麵與湯汁，令人食指大動。
鱔魚極富蛋白質、鐵質，亦被視爲食補聖品。

鱔魚意麵是超過百歲的庶民小吃，最早起源於康樂市場（沙卡里巴），日本時期來自台南的廖家兄弟經營的炒鱔魚小攤，以大火快炒鱔魚漸漸闖出名聲，進而帶動整個台南鱔魚意麵的發展。

鱔魚意麵店的意麵已事先煮熟並油炸處理過，有些店家會把碗公狀的金黃色麵塊堆放在料理檯前，堆積如山的麵塊蔚爲奇觀，是鱔魚意麵店特有的噱頭。除了酸甜濃郁的勾芡口味，乾炒做法也很受歡迎，乾炒鱔魚意麵多了鐵鍋大火熱炒帶出的鑊氣，鱔魚和洋蔥吃起來十分爽脆。除了鱔魚意麵，店家常常還會販賣炒鱔魚、炒花枝，兩道料理吃起來都充滿鍋氣與焦香氣息，十分過癮。

建議使用筆刷

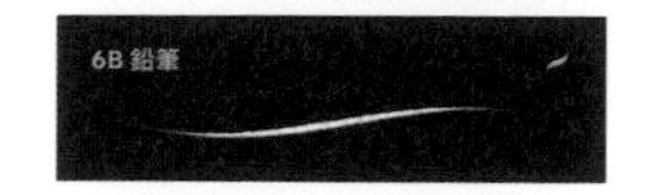

草稿與線稿 ▸ 6B 鉛筆

底色填充 ▸ 畫室畫筆

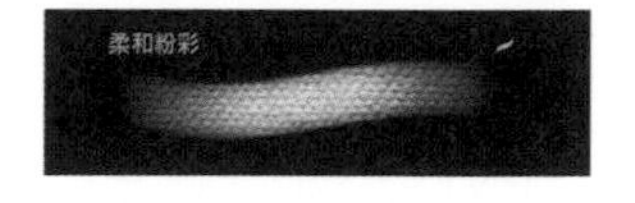

陰影與高光 ▸ 柔和粉彩

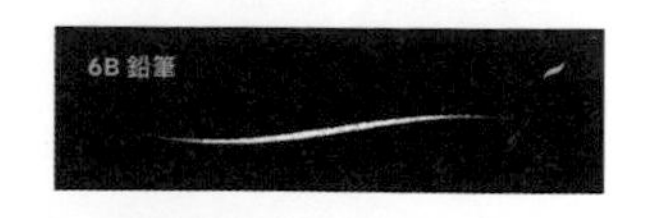

陰影與高光 ▸ 6B 鉛筆

盤子藍色與白色花紋 ▸ 特調火絨盒

技法重點

POINT · 1

使用快速繪圖形狀功能（畫完形狀後筆尖停在螢幕上）畫出橢圓形盤子，再畫出麵條、鱔魚、洋蔥、青蔥和辣椒，麵條類插圖通常比較複雜，不用要求線條完美，較凌亂的地方稍後可重新描繪。

POINT · 2

開新圖層重新描繪線稿後，使用畫室畫筆將各區塊分別填入底色，每種食材的底色分別畫在不同圖層，盤子的藍色用特調火絨盒筆刷上色，強調釉彩有深有淺的層次感。

POINT · 3

使用柔和粉彩筆刷繪畫出每種食材的陰影，剛才已將每種食材的底色畫在不同圖層，接下來只要在底色圖層上開新圖層，並使用剪切遮罩功能來繪畫陰影，就可以確保顏色不會塗出鎖定的範圍，可以盡量大膽疊加和塗抹。

POINT · 4

選擇 6B 鉛筆筆刷，尺寸調小一些，用弧線的方式畫出鱔魚塊上的白色高光，強調魚肉的油光。繼續用 6B 鉛筆，使用白色線條加強畫在麵條和湯汁上，呈現食物光澤感。

POINT · 5

使用特調火絨盒筆刷繪畫出盤子的條紋裝飾，這枝筆刷帶有微微透明度，很適合用來呈現類似水彩的質感，或是繪製餐具上的彩繪圖樣。

POINT · 6

最後使用特調火絨盒持續加強細節，像是盤子的圖樣、青蔥上的紋路、辣椒的光澤等等，可依照喜好細緻描繪。

從府城到風靡全台的老味道

Deep-fried Sandwich

棺材板

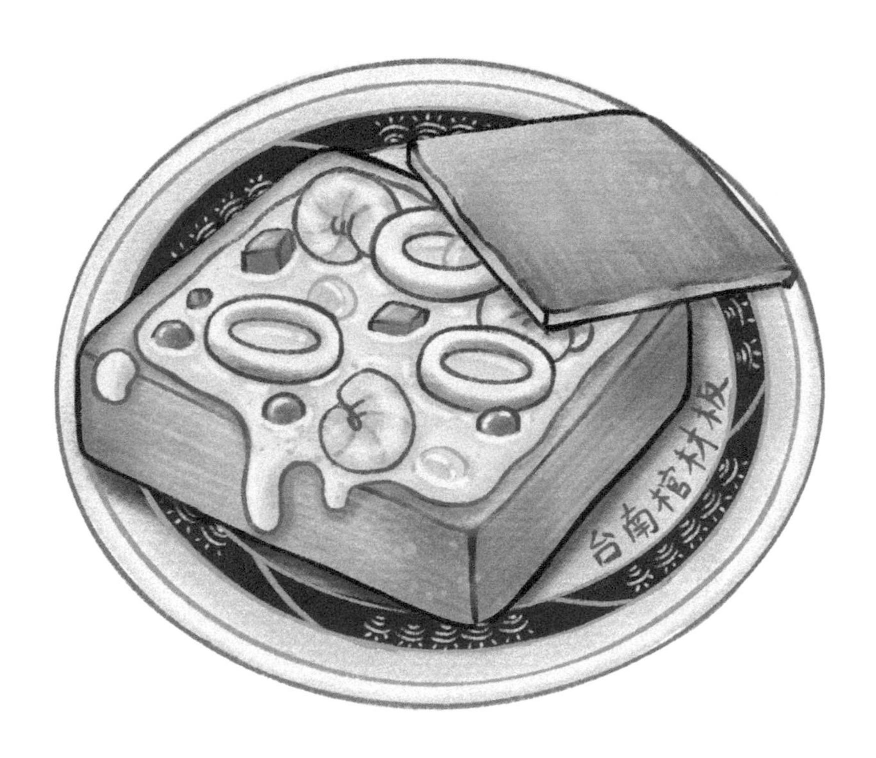

1 適時調降透明度，讓色彩更自然融入

2 筆刷調細，增加精緻感

炸到金黃酥脆的吐司外殼，淋上香濃海鮮餡料後，
內部的吐司濕潤綿密，口感層次豐富。

棺材板最早源自康樂市場（沙卡里巴），是由一位臺南許姓老闆研創，起初是以雞肝做爲內餡，所以這道小吃叫做「雞肝板」，據說是有位教授向許老闆提到小吃的外形很像考古挖掘的石板棺，後來才改名爲「棺材板」，令人好奇的名稱和偏甜的海鮮餡料組合，讓棺材板一炮而紅，並漸漸成爲台南知名小吃。

不過原本以雞肝等內臟餡料爲主，一般人接受度較低，於是便慢慢改變成以各式海鮮、火腿、雞肉等食材來做爲內餡，近年更勇於跳脫傳統，逐漸發展出將吐司裹上蛋液油炸，讓外殼金黃酥香；也出現結合剝皮辣椒、蔥爆牛肉等台式餡料的創意吃法。

建議使用筆刷

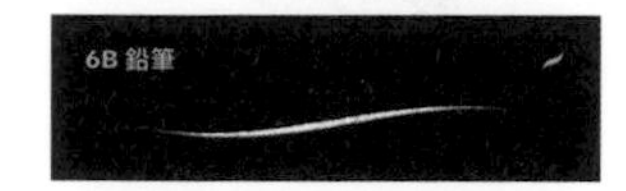

草稿與線稿 ▸ 6B 鉛筆

底色填充 ▸ 畫室畫筆

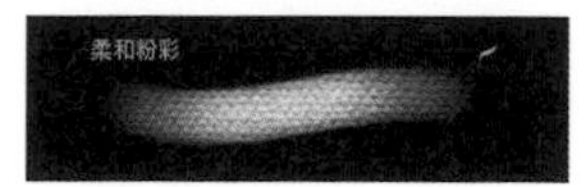

陰影 ▸ 柔和粉彩

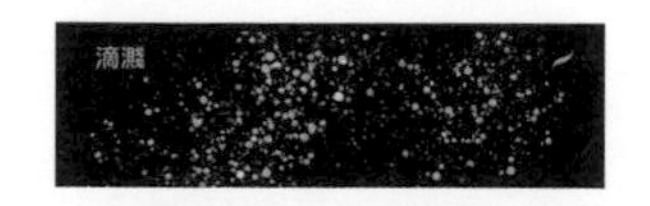

質感與高光 ▸ 滴濺／ 6B 鉛筆

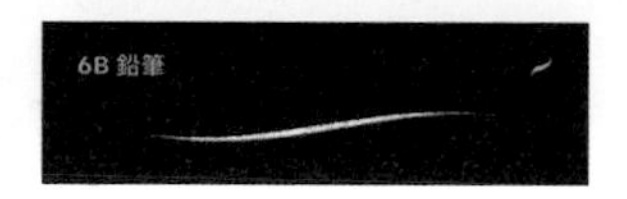

盤子花紋 ▸ 特調乾式墨粉／ 6B 鉛筆

技法重點

POINT．1

草稿圖層透明度調低，在上方開新圖層重新描繪一次清晰的線稿，在此步驟把畫面都整理乾淨，隱藏或刪除原來的草稿圖層。

POINT．2

在線稿圖層下方多開幾個新圖層，使用畫室畫筆將各區塊分別填入底色，同一種食材畫在同一個圖層，方便接下來畫陰影。

POINT．3

在底色圖層上方開新圖層，使用剪切遮罩功能，以柔和粉彩筆刷繪畫出每種食材的陰影，吐司可以用橘色和咖啡色堆疊出炸到金黃香脆的顏色，花枝可用淺紫色輕輕疊色，增加色彩豐富度。

POINT · 4

加強醬料和海鮮的油亮光澤，選擇 6B 鉛筆筆刷並調小尺寸，使用白色畫在海鮮周圍醬料上，呈現晶亮可口質感。另外，可用滴濺筆刷，把白色輕輕點在吐司上，如果擔心白色太明顯，可調低透明度，讓點綴效果看起來更自然。

POINT · 5

爲了讓盤子色彩更活潑豐富，使用乾式墨粉筆刷繪製花紋，如果希望顏色淡一點，也可以使用火絨盒筆刷繪製。

POINT · 6

使用 6B 鉛筆筆刷，筆刷調細，繪畫出盤子上的白色花紋，增加作品精緻度。

節慶團聚時必吃的食物

Taiwanese Spring Roll

潤餅／春捲

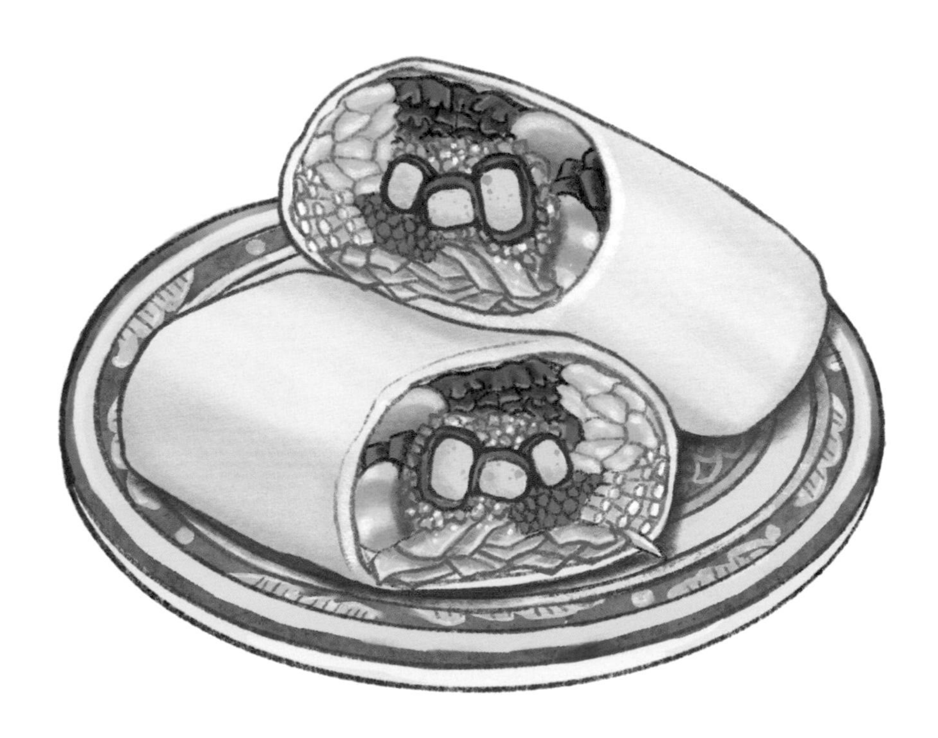

1. 利用複製快速完成
2. 底色分層，後續疊色更乾淨

薄透的餅皮裹滿營養豐富的食材，一口咬下可享受到各式配料口感，是一道老少咸宜的小吃。

潤餅的起源版本很多，其中一個是明朝名臣蔡復一的夫人，因心疼丈夫公事過於繁忙沒空吃飯，於是把食材切絲炒香後，包進薄餅皮中餵給他吃。後來，潤餅流行於閩南地區，也隨著移民傳入台灣，不只是夜市與街邊攤販常見小吃，也是冬至、除夕與清明節家庭團聚時一起享用的料理，有祈福的喻意。

以前將餅皮包入食材的料理分成「潤餅」和「春捲」，北部通常叫做潤餅，內餡多採燙熟或蒸熟方式處理，食材水分和湯汁較多較爲濕潤，適合溫熱時享用，中南部則稱爲春捲，內餡多是炒過且去汁後，再包入餅皮，口感較涼冷與乾爽。

建議使用筆刷

草稿與線稿 ▸ 6B 鉛筆

底色填充 ▸ 畫室畫筆

陰影 ▸ 柔和粉彩

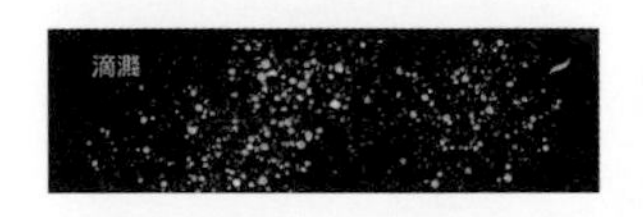

質感 ▸ 滴濺

盤子花紋 ▸ 特調火絨盒

技法重點

POINT・1

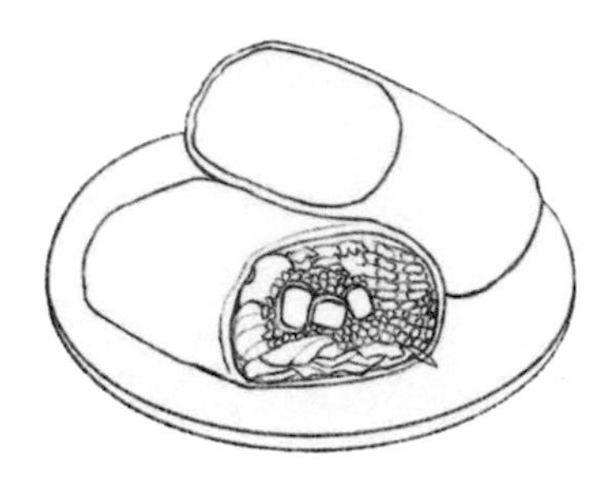

開一個新圖層，在其中一個春捲畫上滿滿的餡料，以斷面呈現每種食材切成一半的樣子；可任意加入喜歡的餡料，不用和我畫的一模一樣。

POINT・2

複製畫好的餡料圖層，使用變形功能水平翻轉新圖層，把複製和翻轉好的餡料圖層移到另一個潤餅裡，再用液化工具調整形狀，這樣就能快速完成兩個潤餅的餡料。線條如果有點亂，可開新圖層重新描一次線稿。

POINT・3

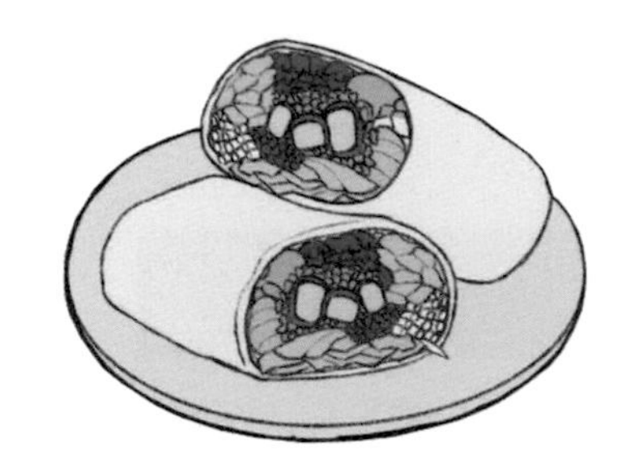

在線稿圖層下方開幾個新圖層，使用畫室畫筆幫潤餅填入基本底色，若希望疊加陰影時每種食材的顏色不會互相干擾，可多開幾個圖層畫底色，例如兩個蛋絲的底色畫在同一圖層，香菜底色畫在同一圖層，這樣可讓後續疊色更乾淨。

POINT · 4

在每個底色圖層上方開新圖層，並點擊剪切遮罩功能，選擇柔和粉彩筆刷，使用深一點的顏色疊加出每種食材的陰影，或使用滴濺筆刷點綴在豆干、高麗菜等食材上，製造帶有孔洞、油光的質地。

POINT · 5

使用火絨盒筆刷勾勒器皿精緻花紋，來強調古早味小吃復古感。最後調整線稿顏色，讓整體顏色看起來較爲和諧。在原線稿圖層上方開一個剪切圖層，使用剪切遮罩功能，並塗上不同顏色，或直接隱藏原來的線稿圖層，開新圖層選擇喜歡的顏色重新描繪。線稿顏色多變，可增加插畫豐富感，讓作品看起來更加柔和。

外來食物成功變身在地美味

Tempura

天婦羅

1 線條不要太工整比較自然

2 深淺色彩交錯疊加，呈現炸物質感

日本關東天婦羅通常指的是炸蝦、炸魚類、貝類、魷魚或蔬菜，台灣天婦羅則是傳自關西，也稱爲天婦羅的魚漿製品。

天婦羅是台灣人很熟悉的食物，也是各大夜市固定不會缺席的夜市小吃，如此接地氣的食物，其實是從日本傳入，起源則據說來自歐洲的葡萄牙。過去葡、西兩國與日本有貿易往來，其中葡萄牙水手和傳教士因齋戒期不能吃肉，於是研發出以吃魚代替肉的食物，也就是天婦羅的前身，之後經過改良才成爲現在裹麵衣油炸的料理。

在日本關西，炸過的魚漿製品也叫天婦羅，傳到台灣之後，這類魚漿製品有人沿用日本天婦羅的名稱，也有人叫做甜不辣或黑輪，其中南部人習慣叫黑輪片，北部人多稱爲天婦羅，條狀的叫做甜不辣，雖同是魚漿製品，但各地魚漿比例不同，口味與吃法也有差異。

建議使用筆刷

草稿與線稿 ▸ 6B 鉛筆／特調火絨盒

底色填充 ▸ 畫室畫筆

陰影 ▸ 柔和粉彩

質感 ▸ 6B 壓縮炭筆／滴濺

碗的高光與細節 ▸ 特調火絨盒

技法重點

POINT · 1

用 6B 鉛筆筆刷畫出天婦羅和碗的輪廓，建議使用不規則的線條繪製天婦羅的邊緣比較自然，同時要畫出天婦羅的厚度。開新圖層加入配料小黃瓜和竹籤，讓畫面看起來更豐富。

POINT · 2

線稿下方開新圖層，用畫室畫筆填充底色。每種食材和碗底色分層畫，方便之後添加陰影與質感。

POINT · 3

在天婦羅底色上方開新圖層，開啓剪切遮罩功能，使用柔和粉彩筆刷，用比底色深的橘黃色疊加出陰影，並使用 6B 壓縮炭筆交錯疊加，呈現炸物的特殊質感。

POINT · 4

在上方繼續開新圖層，開啓剪切遮罩功能，使用柔和粉彩筆刷，選擇更深的咖啡色堆疊陰影，強調天婦羅厚度及交疊處，讓立體感更明顯。

POINT · 5

開新圖層，選擇火絨盒筆刷，用焦糖色畫出淋醬。筆刷透明度調低，強調淋醬透明感，完成後選擇白色，繪畫出淋醬和天婦羅的高光。選擇咖啡色，用火絨盒筆刷描繪天婦羅輪廓線，強調交疊處，並用滴濺筆刷點在天婦羅表面，讓質感更豐富。

POINT · 6

在小黃瓜的底色圖層上方開新圖層，開啓剪切遮罩功能，使用柔和粉彩筆刷繪製出小黃瓜片交疊處的深綠色陰影。

POINT · 7

繼續使用柔和粉彩筆刷，繪製小黃光切面紋路，完成後，使用火絨盒筆刷，順著碗口畫一些白色高光，增強碗的立體感。繼續使用火絨盒筆刷，順著碗的外側與內緣加入深淺不一的筆觸，加強手繪感。

必比登推薦認證的台式風味

Migao Tube

筒仔米糕

1. 視區塊大小，選用適合筆刷尺寸
2. 利用複製功能製造對稱效果

熱騰騰的筒狀糯米搭配滷製入味的食材，最後淋上特製醬料，再加上香菜做點綴，視覺、味覺都相當誘人。

筒仔米糕據說發跡於台中清水，由一位木工師傅研發，將餡料和糯米放入竹筒炊製，沒想到食材味道完美融合，更帶著獨特的竹筒香氣，因而受到大眾喜愛，漸漸流傳至全台各地。過去筒仔米糕是將食材放進竹筒或陶罐內炊熟，但爲了方便與快速，除了講究的店家仍將食材放入瓷碗炊製外，現今多以筒狀鐵鋁模具取代竹筒、陶罐。

根據飲食喜好習慣的不同，南北兩地筒仔米糕也略有差異，北部形狀多爲圓柱體，頂端淋上甜辣醬或海山醬（醬油膏、番茄醬、味噌和糖製成），南部除了筒仔米糕，散米糕也很受歡迎，知名的台南米糕，會在蒸熟的米糕淋上肉燥、肉鬆、魚鬆或小黃瓜等，米粒分明、口感鮮香清爽。

建議使用筆刷

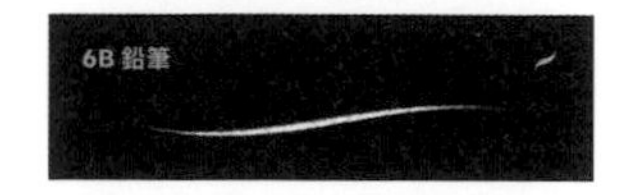

草稿與線稿 ▸ 6B 鉛筆

底色填充 ▸ 畫室畫筆

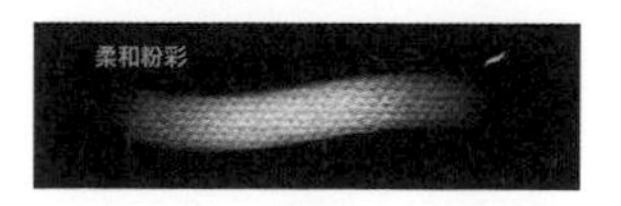

陰影 ▸ 柔和粉彩

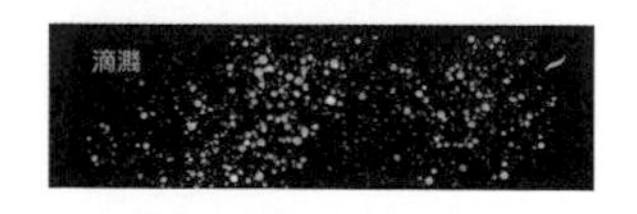

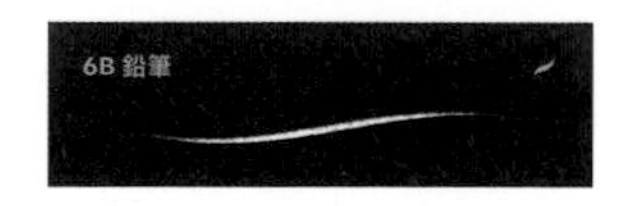

高光 ▸ 滴濺／ 6B 鉛筆

碗花紋 ▸ 特調火絨盒

技法重點

POINT・1

用快速繪圖形狀工具拉出碗的形狀，及中間筒狀米糕，拉完形狀後，筆尖在畫面停留久一點，形狀就會自動變得工整。

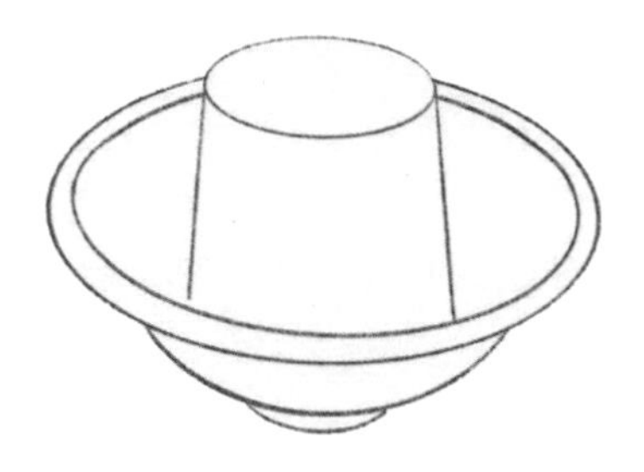

POINT・2

開新圖層，繪製頂端的食材和醬料。在新圖層上繪製，方便後續做修改，當配料線稿完成後，擦掉下方碗或米糕多餘的線條。

POINT・3

開新圖層，繪製米粒的形狀，並在縫隙中加入一些肉燥塊。

POINT · 4

在線稿下方分別開幾個圖層，點選畫室畫筆，用快填功能填入底色。

POINT · 5

分別在每個底色圖層上開新圖層，使用剪切遮罩功能加強陰影。用比原來食材底色稍深一點的顏色堆疊出立體感。

POINT · 6

開新圖層，用白色繪畫出食物高光。醬料區塊較大，用柔和粉彩筆刷強調，頂端食材較細緻，用 6B 鉛筆筆刷繪製，讓加入高光後的米糕看起來更有光澤與立體感。

POINT · 7

開新圖層，使用火絨盒筆刷，將透明度調低，繪製碗裡的玫瑰花紋，先繪製好一邊後複製該圖層，再將新圖層水平翻轉，便可完成對稱的花紋。

擄獲人心的懷舊古早味

Black Sugar Cake

黑糖糕

1 重新描繪修正線稿僵硬線條

2 以深淺咖啡色堆疊陰影

黑糖糕原是逢年過節的供品，因口味獨特而逐漸風靡全台，也是全台各地夜市攤販常見的古早味小吃。

黑糖糕據說最早是從日本沖繩傳到到澎湖，早期許多沖繩人移民到澎湖做生意，因此將黑糖和糕點烘焙技術傳入澎湖。日本人離開澎湖後，當地學徒將日式口味融合當地風味改良成黑糖糕，因屬發酵糕點故稱「發糕」，也帶有發財意涵，後來才改名爲黑糖糕。

早期黑糖糕是用瓷碗當作模型，放入碗中蒸熟並切塊；後來爲了方便攜帶，才演變成現在常見的方形、長方形。最初黑糖糕僅是逢年過節的供品，後因口味獨特而逐漸風靡全台，現在不僅是澎湖最有代表性的伴手禮，也成爲全台各地夜市攤販常見的古早味小吃。除了經典原味黑糖糕，許多店家更研發出紅豆、芋頭、桂圓和鹹蛋黃等口味，讓熟悉的古早味增添更多變化。

建議使用筆刷

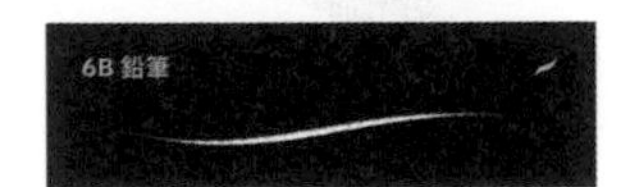

草稿與線稿 ▸ 6B 鉛筆

底色塡充 ▸ 畫室畫筆

陰影 ▸ 柔和粉彩

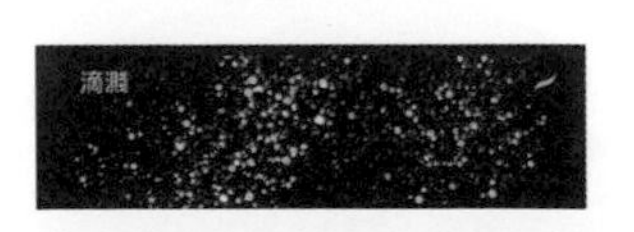

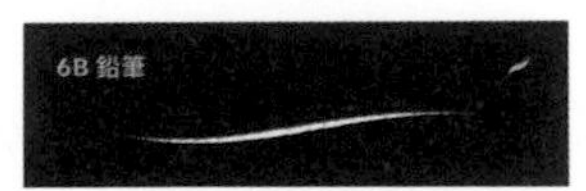

質感與高光 ▸ 滴濺／ 6B 鉛筆

芝麻 ▸ 特調乾式墨粉

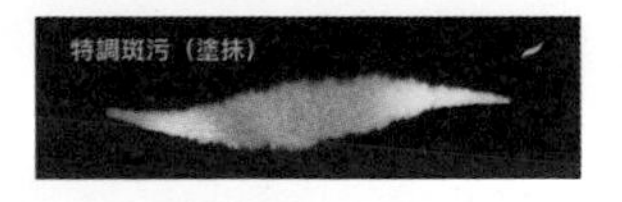

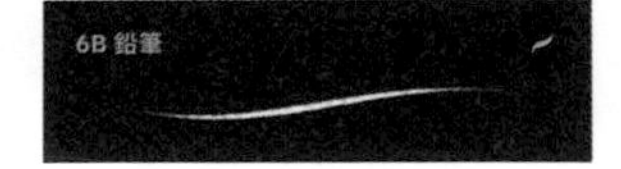

盤子花紋 ▸ 特調火絨盒／特調斑污／ 6B 鉛筆

技法重點

POINT・1

用快速繪圖形狀功能畫出橢圓形盤子及黑糖糕大致的形狀。將盤子、第一塊黑糖糕和第二塊黑糖糕分別畫在不同圖層，形狀確認沒問題後，再捏和合併所有圖層。合併好的圖層透明度調低，並在上方開新圖層重新描繪一次線稿。此時將外型修整得圓潤一點，製造軟 Q 感。

POINT・2

在線稿圖層下方開三個新圖層，使用畫室畫筆，分別幫盤子、黑糖糕與牙籤填入底色。

POINT・3

在黑糖糕底色圖層上方開新圖層，使用剪切遮罩功能，以柔和粉彩筆刷繪畫出黑糖糕陰影，先選咖啡色慢慢疊色，再選擇接近黑色的深咖啡色繼續堆疊，製造出自然的陰影。

POINT・4

在上方開新圖層，使用乾式墨粉筆刷繪畫糕點上的芝麻，使用淺黃色與深一點的橘黃色互相搭配，讓顏色看起來更豐富。

POINT・5

選擇 6B 鉛筆筆刷，把尺寸調小，在芝麻周圍畫上白色線條，呈現光澤質感。另外，選擇滴濺筆刷，以深咖啡色點綴黑糖糕，製造糕點的孔洞質感。

POINT・6

幫盤子加入裝飾，用 6B 鉛筆筆刷畫出內圈的幾個橢圓形，再使用特調火絨盒筆刷繪畫出藍色區塊，火絨盒筆刷筆觸若交界處太明顯，可用塗抹工具搭配斑污筆刷，將交界處暈染得更自然。

POINT・7

開新圖層，使用特調火絨盒筆刷繪畫出盤子淺藍色與白色花紋，也可用 6B 鉛筆筆刷，把筆刷調細，描繪盤子上的藍白花紋，增加作品細緻度。

實惠與美味兼具的平民美食

Braised Pork on Rice

滷肉飯

1. 加白色高光，強調油亮質感
2. 筆刷細描凸顯輪廓和立體感

粒粒分明的米飯淋上油亮的滷肉與滷汁，配上滷蛋、油豆腐和醃蘿蔔，讓人一口接一口，欲罷不能。

早期物資缺乏，「肉」是飯桌上的奢侈品，只有逢年過節才吃得到。當時，平民百姓最常購買豬頸肉跟豬耳朵，這種比較便宜的部位，而且爲了增加份量，大多切成絲或丁，再以醬油與調味料滷製成菜餚。不過，依據南北部生活習慣、條件的不同，在北部通稱爲滷肉飯，在南部卻叫做肉燥飯。

在台灣可說是國民小吃的滷肉飯，曾被美國 CNN 欽點來台必吃美食第一名，而隨著時代的演變，也有更多創意新吃法，像是近年蔚爲風潮的的「月見滷肉飯」、「鮮蚵滷肉飯」、「鮭魚卵海鮮滷肉飯」等等，讓台式古早味也能用不同的風貌繼續傳承。

建議使用筆刷

草稿與線稿 ▸ 6B 鉛筆

底色填充 ▸ 畫室畫筆

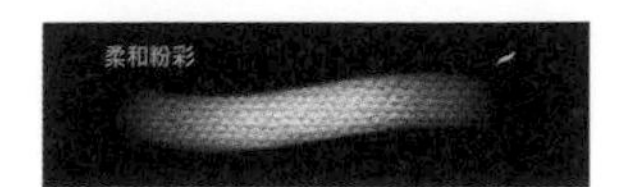

陰影 ▸ 柔和粉彩

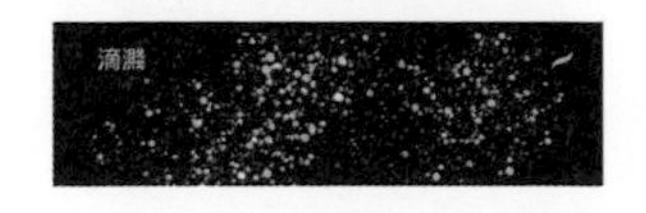

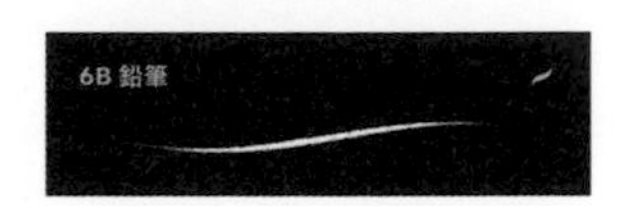

質感與高光 ▸ 滴濺／ 6B 鉛筆

瓷碗花紋與質感 ▸ 特調火絨盒

技法重點

POINT · 1

用快速繪圖形狀工具畫出碗，先畫碗口的橢圓形，再加入碗緣厚度，以及碗的深度和碗底，怕畫出來的碗型歪歪的，可開啓繪圖參考線功能，對照格線畫出整齊的形狀。

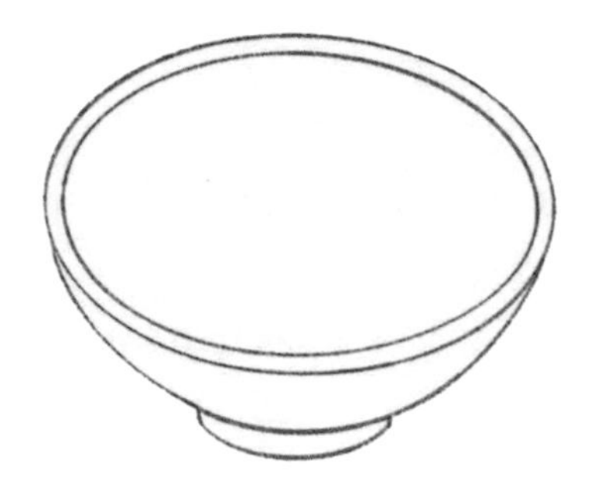

POINT · 2

開新圖層，畫出滷肉、滷蛋和醃蘿蔔的草稿，記得強調滷肉立體感及往上堆疊的感覺，這時不用畫得太整齊，之後再整理線稿即可。

POINT · 3

在同一圖層加入米飯的草稿，繼續用 6B 鉛筆筆刷勾勒出一顆顆米粒的形狀。

POINT · 4

把草稿圖層透明度調低，並在上方開新圖層，用較深的顏色描繪出確定的線條，把線稿整理好。米飯的線稿，可以用較淺的顏色整理在另一個圖層，這樣馬上就可以看出米飯和其他食材的區別，也會更方便上色。

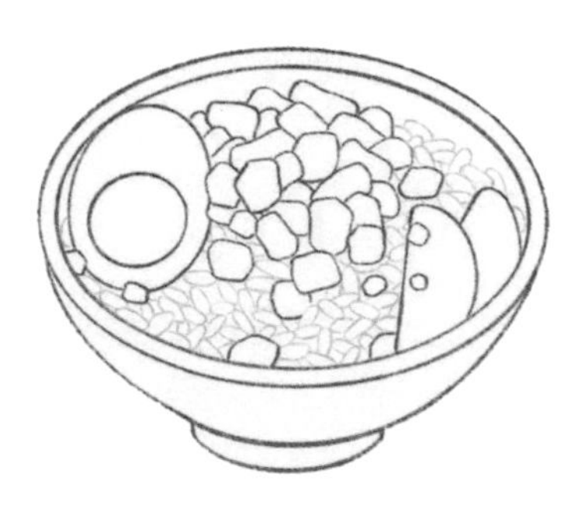

POINT · 5

在線稿圖層下方開新圖層，使用畫室畫筆將每種食材和餐具填入底色，建議可以將碗、米飯、滷肉、滷蛋和醃蘿蔔的底色畫在不同圖層，之後方便加入陰影與強調立體感。碗的藍漆可以用特調火絨盒來繪製。

POINT．6

在滷肉底色圖層上方開一個新圖層，開啓剪切遮罩功能，使用柔和粉彩筆刷畫出每塊滷肉頂端深褐色的豬皮，強調滷到很入味的感覺。也可使用同一枝筆刷加強每塊滷肉重疊處的陰影，以及米粒空隙之間淺咖啡色的陰影。

POINT．7

開新圖層，使用 6B 鉛筆筆刷在每塊滷肉加上白色高光，強調滷肉油亮的質感。

POINT．8

開新圖層，使用 6B 鉛筆筆刷，選擇接近黑色的深咖啡色細描每塊滷肉，讓輪廓更明顯，也可以加強立體感。

POINT · 9

在滷蛋底色圖層與醃蘿蔔底色圖層上方開新圖層，開啓剪切遮罩功能，使用柔和粉彩筆刷慢慢堆疊滷蛋和醃蘿蔔的陰影。選擇滴濺筆刷，使用深黃色和白色點綴在蛋黃和醃蘿蔔上，製造質感豐富變化。

POINT · 10

在碗的底色圖層上方開新圖層，用特調火絨盒加深藍色，並選擇淺藍色或白色畫在橢圓形的碗口，強調瓷器光滑閃亮質感。

曾經是「季節與地區限定美食」

Fried Spanish Mackerel Thick soup

土魠魚羹

1 分層畫草稿

3 調低筆刷透明度

油炸過的土魠魚塊外皮酥香可口，魚肉鮮嫩多汁，配上濃郁甘甜的羹湯，更襯托出魚香鮮美。

相傳1683年福建提督施琅來台時，因嗜吃鰆魚，百姓便將鰆魚稱之爲「提督魚」，由於台語發音的關係，而走音演變成爲今日的「土魠魚」。早期台灣依賴沿海漁業，每年只有十月到一月間才吃得到土魠魚，直到民國63年新安平港開港，遠洋漁業發達，台南街頭便有越來越多販賣魚羹的店家與攤販，接著也逐漸流行各縣市，成爲知名夜市美食。

土魠魚羹適合與麵、米粉或白飯等主食搭配享用，羹湯大多選用耐煮且不變色的大白菜或高麗菜一起熬煮，藉此可讓羹湯更爲鮮甜，並呈現清鮮的湯色，再以此做爲基底，根據個人喜好，或是加入烏醋，或是酌量加入辣椒粉，讓羹湯增添更多層次的香氣。

建議使用筆刷

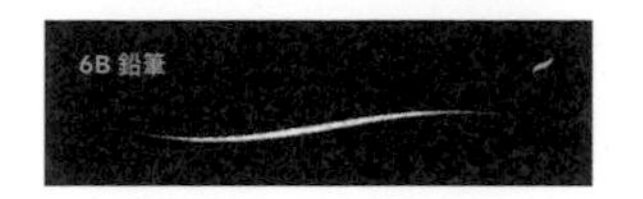

草稿與線稿 ▸ 6B 鉛筆

底色填充 ▸ 畫室畫筆

陰影 ▸ 柔和粉彩

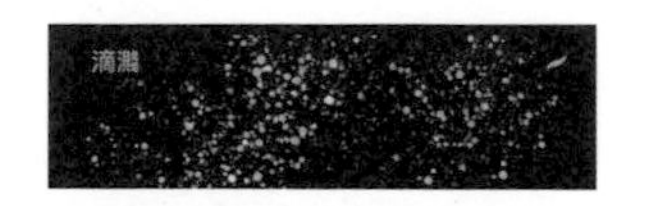

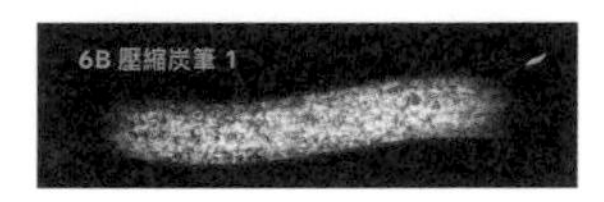

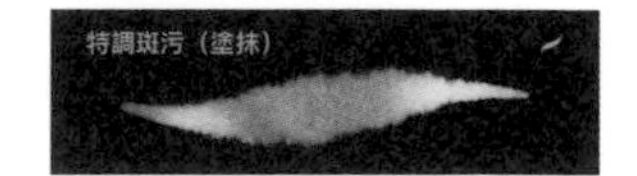

質感與高光 ▸ 滴濺／ 6B 壓縮炭筆／特調斑污

瓷碗花紋與質感 ▸ 特調火絨盒

技法重點

POINT · 1

用快速繪圖形狀工具畫出碗和湯匙，分兩個圖層畫，方便修改與調整湯匙的形狀與位置。

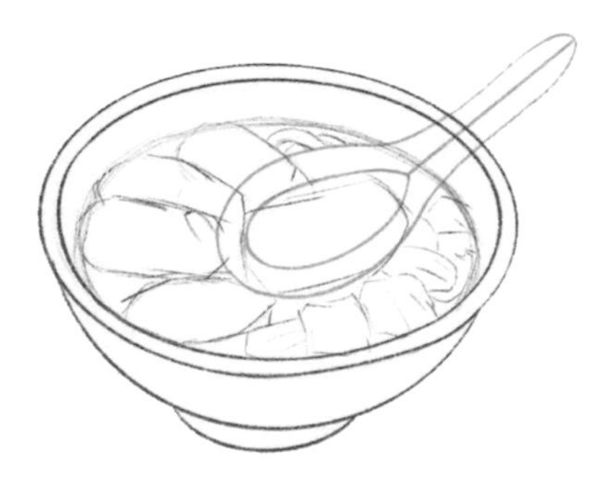

POINT · 2

開新圖層，快速勾勒出土魠魚羹大略構圖，畫出土魠魚羹、高麗菜和麵條大概位置，這時不用畫太整齊，稍後再整理線稿即可。

POINT · 3

開新圖層，使用確定的線條描繪出每種食材，湯匙上的土魠魚羹畫出咬了一口的樣子，強調白色的魚肉，再加上一些蔥花點綴。

POINT · 4

在線稿圖層下方開新圖層，使用畫室畫筆將每種食材和餐具填入底色，建議把碗、土魠魚塊、麵條、高麗菜和蔥花的底色畫在不同圖層，之後方便加入陰影與強調立體感。

POINT · 5

在土魠魚底色上方開新圖層，使用火絨盒筆刷畫出接近網狀的紋路，強調炸物表面粗糙的質感。

POINT . 6

使用塗抹工具搭配斑污筆刷，把剛才畫的網狀紋路稍微塗抹開，塗抹局部即可，其他地方保持明顯的紋路，看起來會更自然。接著使用 6B 壓縮炭筆，用咖啡色畫出土魠魚塊下方的陰影，強調立體感。

POINT . 7

開新圖層，開啓剪切遮罩功能，並用滴濺筆刷以淺黃色點綴在魚塊上，強調炸物的質感。

POINT . 8

開新圖層，使用特調火絨盒筆刷，以白色繪畫出高光，讓土魠魚和羹湯看起來帶有油光，也可以選擇滴濺筆刷，選用深咖啡色繼續點綴在魚塊下方，加強油炸後的顆粒質感。

POINT・9

在湯匙底色上方開新圖層，開啓剪切遮罩功能，用柔和粉彩疊刷出湯匙的陰影，並使用 6B 鉛筆，選用白色描繪湯匙裡的線稿，強調金屬閃亮光滑材質。羹湯用火絨盒筆刷畫在魚塊下方做加強，將透明度調低，讓魚塊看起來好像一半泡在羹湯中，感覺更自然。

POINT・10

使用柔和粉彩筆刷，繼續加強每種食材的陰影與立體感，可在線稿圖層上方開新剪切遮罩圖層，改變線稿顏色，讓整體色調更融爲一體。最後再用特調火絨盒筆刷繪製出碗裡的玫瑰花紋，強調復古感。

不只好吃，更帶有吉利象徵意義

Guabao

刈包

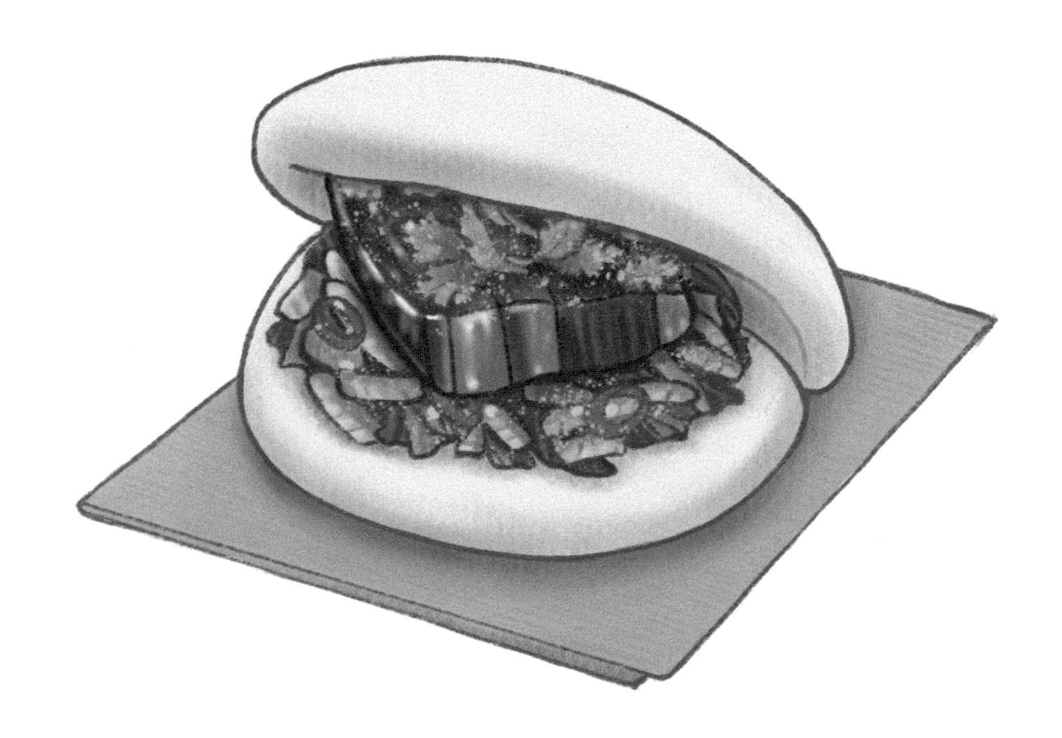

學習要點

1 先大略繪出位置，再整理線條　2 由淺到深疊加陰影

鬆軟的麵皮包著 Q 彈油亮的五花肉，搭配酸香解膩的酸菜和甜滋滋的花生粉，是許多人記憶中最懷念的滋味。

刈包又寫成「割包」，亦可稱「虎咬豬」，由於唸起來很像「福咬住」，因此是帶有吉祥與福氣的食物，在物資缺乏的年代，通常在節慶時節才能吃到，現在則常見於台灣夜市攤販販售，而與過去相比，現代人講究養生健康，刈包裡的五花肉，也多調整成可供自由選擇豬肉肥瘦。

刈包近年來風靡國際，在美國、英國、香港、越南等地都有非常受歡迎的刈包專賣店，其中倫敦的「BAO」更是連續七年入選米其林必比登名單。各國刈包店更是大玩創意，在刈包內夾入炸雞排、松阪豬、日式炒麵、冰淇淋等特別的餡料，麵皮更是發揮創意，推出有抹茶、黑糖、芝麻等等口味，改變大家對這道傳統美食的既定印象。

建議使用筆刷

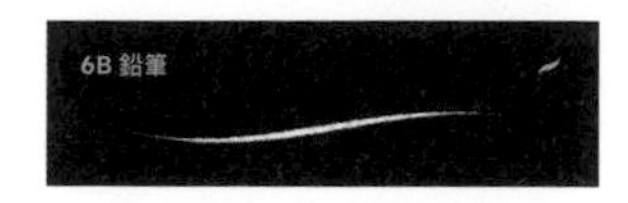

草稿與線稿 ▸ 6B 鉛筆

底色填充 ▸ 畫室畫筆

陰影 ▸ 柔和粉彩

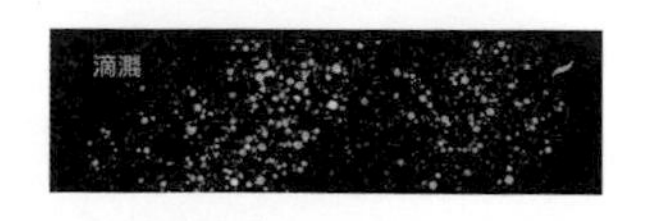

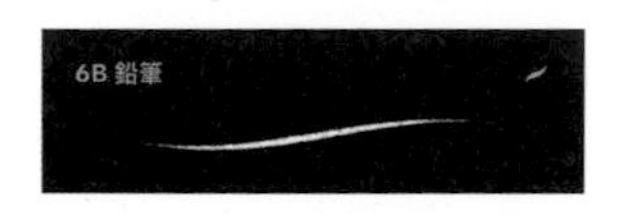

質感與高光：滴濺／ 6B 鉛筆

技法重點

POINT · 1

用 6B 鉛筆筆刷畫草稿，先畫刈包的麵皮，再加入裡面的滷肉、酸菜和辣椒，大略繪製出外型。接著開新圖層，用深一點的顏色重新描繪線稿，把雜亂的線條整理成確定的線條。

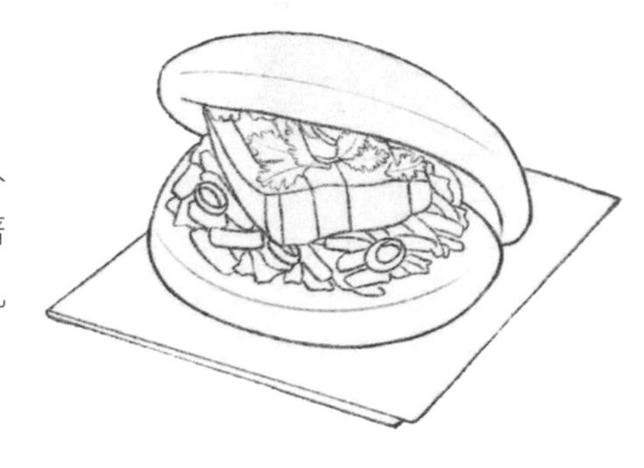

POINT · 2

在線稿下方開新圖層填入底色，紙袋、刈包麵皮、滷肉、酸菜、香菜和辣椒的底色分別畫在不同圖層。在酸菜圖層和紙袋圖層上方分別開新圖層，開啓剪切遮罩功能，使用柔和粉彩筆刷慢慢疊加出陰影。

POINT · 3

在滷肉圖層上方開新圖層，開啓剪切遮罩功能，使用柔和粉彩筆刷疊加出陰影，先用淺咖啡色疊色，再慢慢調深顏色加強疊刷，讓滷肉顏色更豐富。

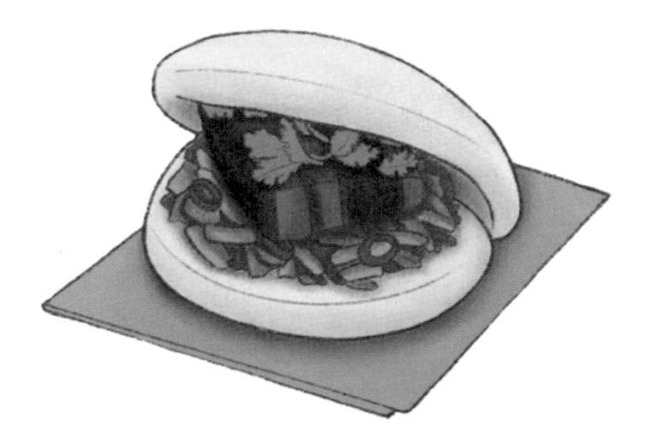

POINT・4

開新圖層，選擇柔和粉彩或 6B 鉛筆筆刷，選用白色繪畫出滷肉的高光，強調晶亮光澤感。也可以用這兩枝筆刷繪製酸菜和香菜的細節，加強蔬菜紋理，讓食材更擬真。

POINT・5

在麵皮上方開新圖層，用柔和粉彩筆刷疊色在陰影處，加強立體感。用 6B 鉛筆筆刷，輕輕在紙袋邊緣繪畫一些平行的線條，製造手繪感。開新圖層，選擇滴濺筆刷，在夾餡加一點淺橘黃色點綴，繪製花生粉的效果。

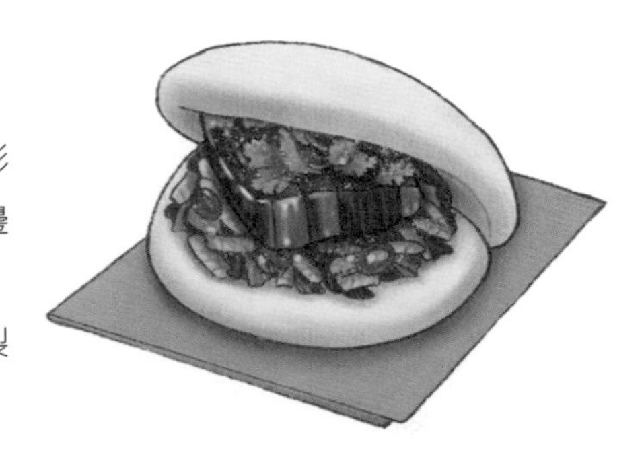

POINT・6

在最上方開新圖層，用更深的顏色重新描繪一次線稿，讓滷肉和酸菜線條顏色更明顯，強調飽滿的餡料和立體感。

餡料多變，名聲響譽國際

Small Sausage in Large Sausage

大腸包小腸

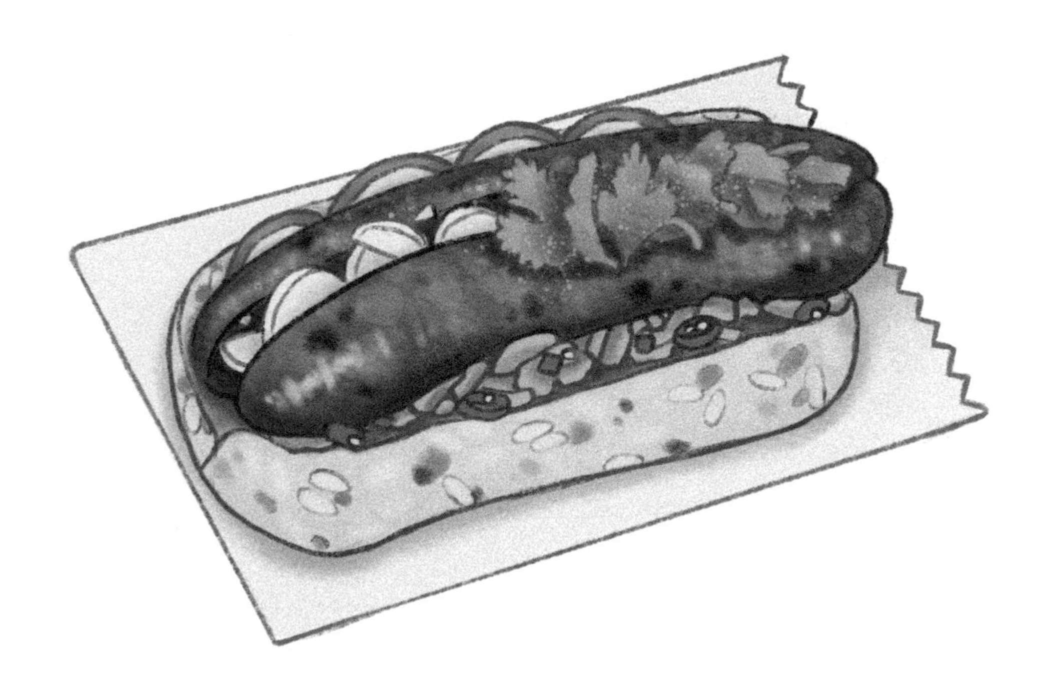

1. 混用顏色製造焦香感
2. 深色線稿做出食材區隔

軟 Q 的糯米腸包著烤到焦香的台式香腸，搭配各式辛香料一起咬下，口感香氣層次豐富，讓味蕾感到無比滿足。

外表和美式熱狗麵包有異曲同工之妙的大腸包小腸，是台灣特有美食。內層夾的烤香腸製作方式，是將大塊豬肉絞碎成小塊狀，加入香料、酒混和均勻，灌入腸衣後，低溫狀態風乾而成。外層的糯米腸，則是提前一晚將糯米泡水、瀝乾備用，再把豬油、油蔥、鹽、白胡椒等調味料與糯米拌勻，塞進洗淨後的豬大腸腸衣，蒸至少 40 分鐘熟成。

除了最基本的生大蒜和台式酸菜，有些店家會加入特製的配料如辣菜脯、九層塔、辣椒、小黃瓜、花生粉和香菜等配料，製作成豪華版的大腸包小腸；不只傳統的醬油膏，也常見搭配甜辣醬、黑胡椒醬、芥末醬等醬料食用。

建議使用筆刷

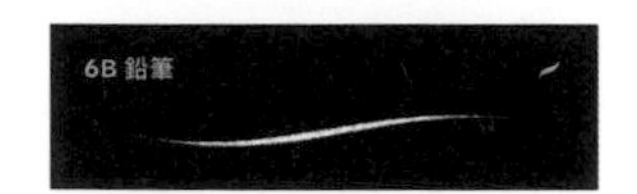

草稿與線稿 ▸ 6B 鉛筆

底色填充 ▸ 畫室畫筆

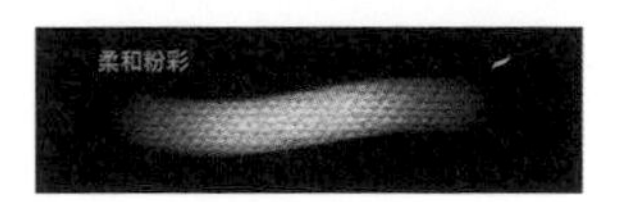

陰影 ▸ 柔和粉彩

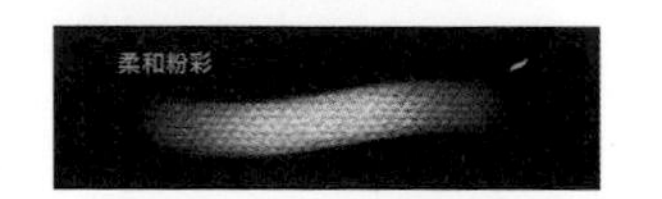

質感與高光 ▸ 柔和粉彩

技法重點

POINT · 1

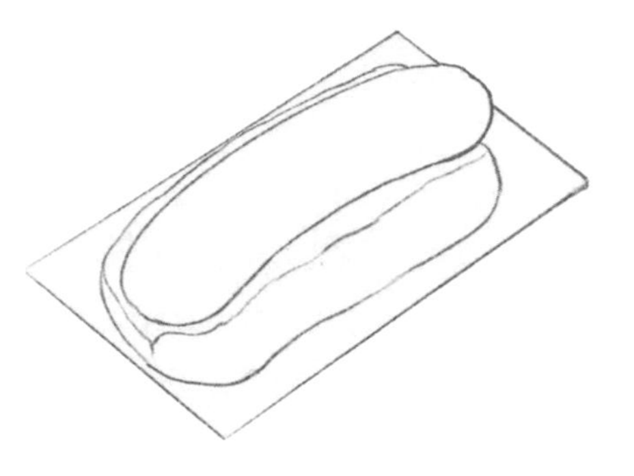

用 6B 鉛筆畫草稿，先畫米腸和香腸大致的外型，及紙袋大概的位置。

POINT · 2

慢慢加入細節，像是紙袋口的鋸齒形狀，夾餡的酸菜、小黃瓜等等，以及烤香腸的切口。在香腸切口畫上大蒜片、香菜。

POINT · 3

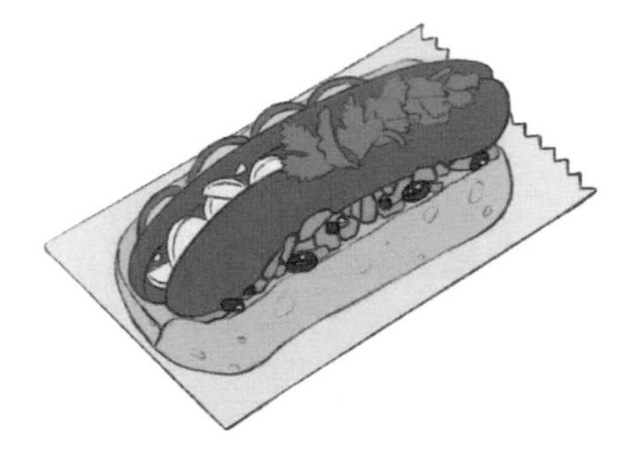

在線稿下方開新圖層填入底色，將紙袋、米腸、香腸、酸菜、香菜蒜片與小黃瓜的底色畫在不同圖層，方便使用剪切遮罩功能疊加陰影。

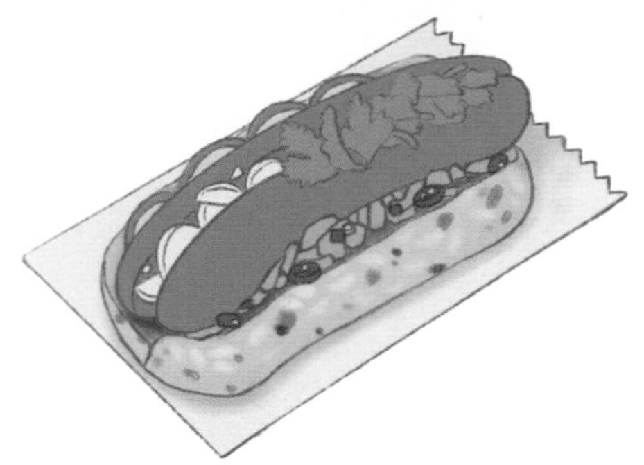

POINT ・4

在米腸圖層和紙袋圖層上方分別開新圖層，開啓剪切遮罩功能，使用柔和粉彩筆刷慢慢疊加出陰影，並畫出米腸圖層上有深有淺的米粒。

POINT ・5

在香腸圖層上方開新圖層，開啓剪切遮罩功能，使用柔和粉彩筆刷疊加出深紅色陰影，慢慢調深紅色加強疊刷，讓烤香腸的焦香色更明顯。繼續在上方開新圖層，選擇柔和粉彩或 6B 鉛筆筆刷，選用白色繪畫出香腸的高光

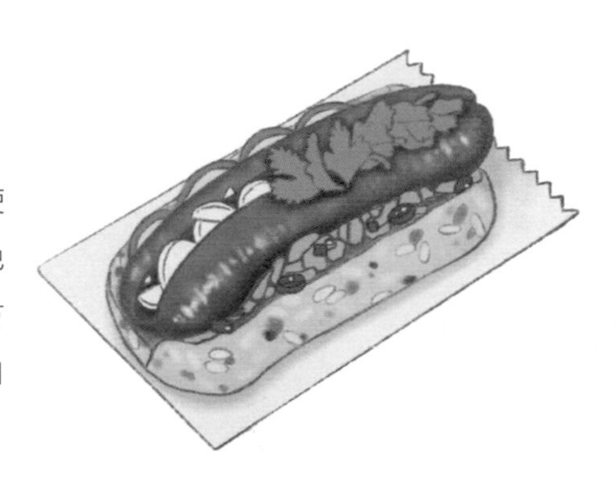

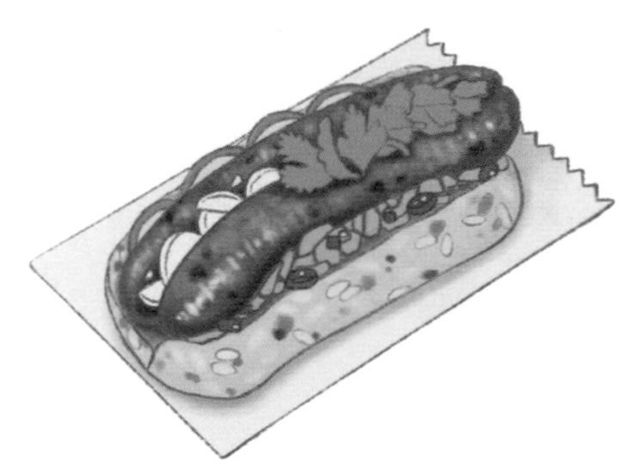

POINT ・6

繼續在上方開新圖層，使用柔和粉彩筆刷畫出香腸烘烤到微焦的部份，可以用咖啡色、焦糖色或黃色，在香腸上畫出大小不一的塊狀或點狀斑紋，讓烘烤效果更自然。

POINT ・7

繼續在其他食材底色圖層上方開新圖層，開啓剪切遮罩功能，加強每種食材的陰影和立體感，並以深色加強描繪線稿，讓每種食材間的區隔更明顯。

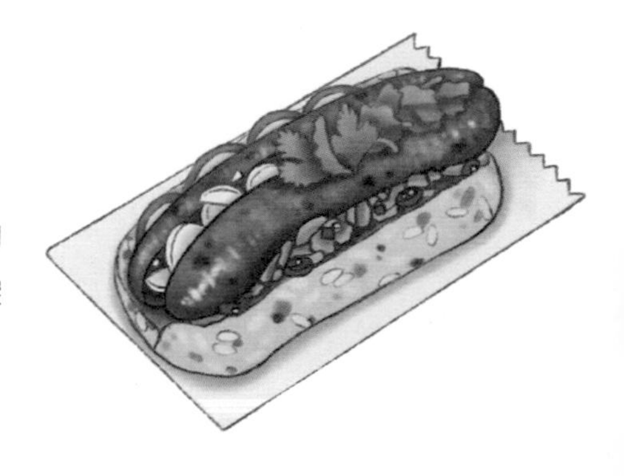

從餐廳走入街頭成爲庶民食物

Taiwan Night Market Steak

夜市牛排

學習要點

1. 用較細的筆刷，描繪肉的紋理與質感
2. 畫出煙霧，強調牛排熱騰騰的樣子

台式牛排除了有豐富的配料，最重要的是有連同鐵板上桌的一大特色，讓人在享用美食之餘，也很具戲劇效果。

台灣美食相當聞名，若是到夜市逛一圈，就能吃盡各式各樣的小吃，其中最具特色的夜市牛排，絕對是其中的經典。不同於一般歐美常見的牛排以肉爲主，加上少量蔬菜做擺盤，台灣的夜市牛排，除了有大塊牛肉，鐵板裡還會搭配麵、蛋，外加附贈濃湯或紅茶，由於價格親民，因此是許多人到夜市飽餐一頓的選擇。

其實台灣早期，牛排算是上流階層的高檔料理，直到後來台灣開始發展牛隻畜殖及酪農產業，並從紐西蘭、澳洲等國家進口牛肉，牛肉價格慢慢降低，一般民衆才開始食用牛肉，不過進去西餐廳吃牛排的人仍屬少數，因此才會誕生不論價錢還是食用環境都更接地氣的台式平價牛排。

建議使用筆刷

草稿與線稿 ▸ 6B 鉛筆

底色填充 ▸ 畫室畫筆

陰影與質感 ▸ 柔和粉彩

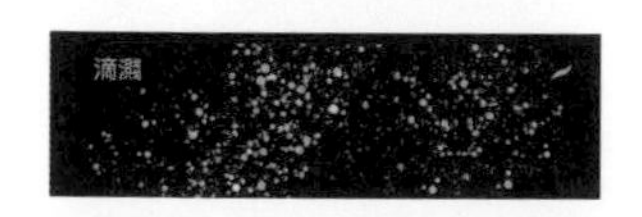

特調火絨盒（水彩）

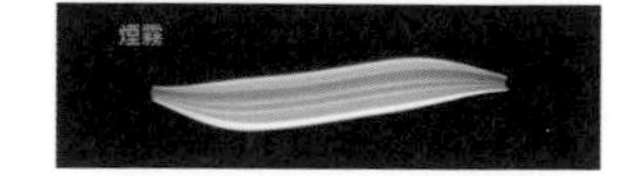

質感 ▸ 滴濺／火絨盒／煙霧／樹枝

技法重點

POINT・1

用 6B 鉛筆繪畫草稿，先畫出橢圓形鐵板和墊著鐵板的厚木板，開新圖層，畫出牛排與鐵板麵。

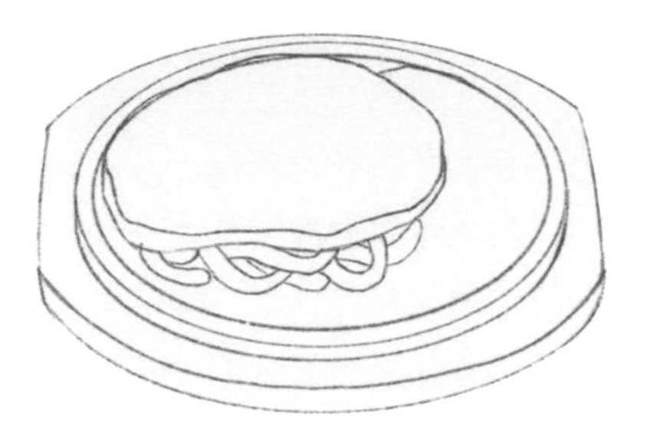

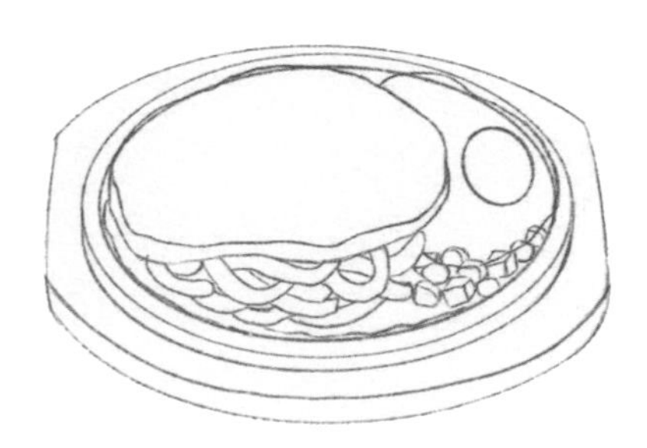

POINT・2

繼續加入荷包蛋、三色豆等食材，擦除重複的線條。

POINT・3

在線稿下方開新圖層，用畫室畫筆填充底色，食材底色分別畫在不同圖層，以便之後疊畫陰影。

POINT · 4

在牛排底色上方開新圖層，開啓剪切遮罩功能，使用柔和粉彩筆刷，用深咖啡色強調牛排的陰影與焦香的邊緣。

POINT · 5

在上方繼續開新圖層，使用帶有透明度的火絨盒筆刷，選用咖啡色畫出淋在牛排上的醬料，並用白色繪畫出醬料上的光澤。使用柔和粉彩筆刷，將尺寸調細，畫出牛肉的紋理，強調肉的質感。

POINT · 6

在醬料圖層上方開新圖層，選擇滴濺筆刷，用黑色點上黑胡椒顆粒，並用白色強調醬料的光澤質感。也可以用火絨盒筆刷，用更大顆的點狀筆觸畫在醬料上，強調有大有小的黑胡椒顆粒。

POINT · 7

選擇火絨盒筆刷，將白色繪畫在鐵盤周邊，強調盤子的光澤。並在木板底色上方開新圖層，用柔和粉彩筆刷疊畫出陰影。

POINT · 8

在木板陰影上方開新剪切遮罩圖層，使用內建筆刷庫中有機筆刷類別的樹枝筆刷，以深咖啡色畫出木頭紋路，並在荷包蛋底色圖層上開新圖層，以柔和粉彩筆刷畫出蛋黃橘黃色的陰影與白色的高光。

POINT · 9

在頂端開新圖層，使用內建筆刷庫中元素筆刷類別的煙霧筆刷，畫出上升的白煙，強調牛排上桌時熱騰騰的樣子，繼續使用柔和粉彩筆刷，疊加鐵板麵的陰影。

POINT · 10

在三色豆和醬料底色上方開新圖層，以柔和粉彩筆刷畫出較深的陰影，並使用火絨盒筆刷繪畫出白色高光，也可以使用黑色在荷包蛋和三色豆上點出更多顆粒狀的黑胡椒。

讓人又愛又怕的特殊氣味

Stinky Tofu

臭豆腐

1 強調細節豐富畫面 

用不同深淺的褐色做畫面區隔

表皮金黃、外酥內嫩，又香又臭的奇特氣味，第一次聞到可能難以接受，一旦品嚐過後卻很容易上癮，成爲忠實粉絲。

臭豆腐據說是一位赴京趕考的書生發明的，考試期間盤纏將盡，於是試著販賣家鄉的豆腐賺取生活費，爲延長豆腐保存期限，便將鹽巴加入豆腐放於甕中醃製，沒想到意外作出青灰色的豆腐乳，而後轉行專賣豆腐，幾經改良作出口味獨特的臭豆腐，連康熙皇帝和慈禧太后品嚐過後都十分驚奇，便將此料理列入御膳料理中。

臭豆腐奇特的味道來自製程中的「浸泡於臭滷水中發酵」，發酵過程中會產生一種蛋白質分解的強烈特殊氣味，是一道外國遊客在夜市聞到時皆感到十分好奇，卻猶疑是否挑戰的特殊美食。在發酵過程中，豆腐內部組織會逐漸鬆弛並產生許多孔洞，讓臭豆腐吃起來更鬆軟綿密，且易吸附飽滿的湯汁。

建議使用筆刷

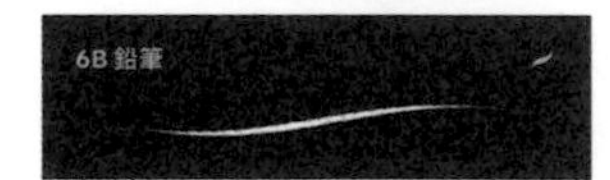

草稿與線稿 ▸ 6B 鉛筆

底色填充 ▸ 畫室畫筆／特調乾式墨粉

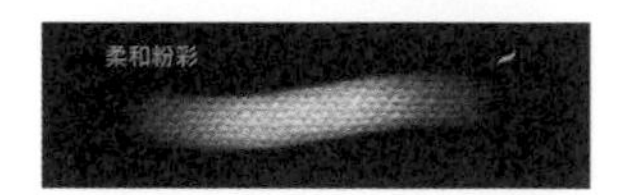

陰影 ▸ 柔和粉彩

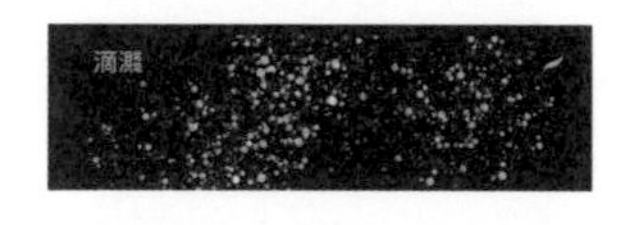

質感與高光 ▸ 滴濺／6B 鉛筆

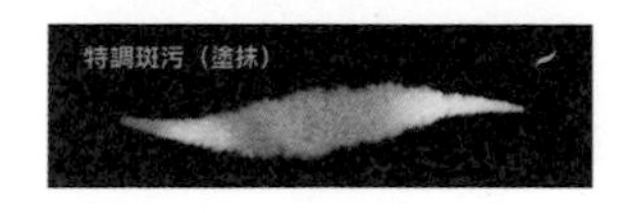

盤子花紋與裝飾 ▸ 特調火絨盒／特調斑污／6B 鉛筆

技法重點

POINT · 1

使用快速繪圖形狀工具，畫出橢圓形盤子，再開新圖層，畫出臭豆腐長方體的形狀，先畫一塊再複製三次，把每塊的位置排好，捏和合併圖層後再把圖層透明度調低。這個步驟是先定出臭豆腐的大略形狀和位置，之後會再詳細繪製。

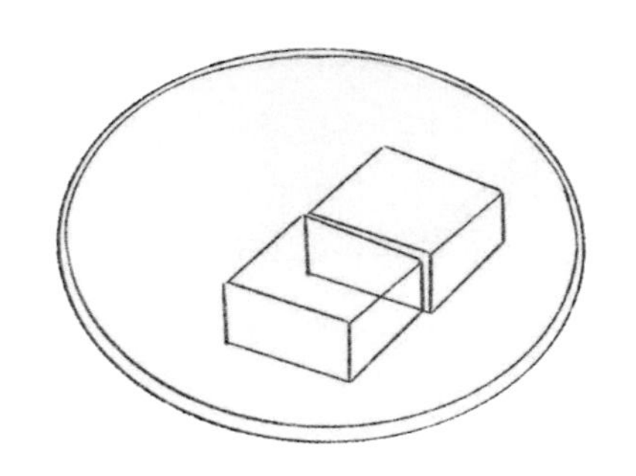

POINT · 2

開新圖層，用深一點的顏色繪製線稿，加入旁邊的泡菜，並重新描繪臭豆腐，將線畫得比下方圖層柔和，看起來比較自然。加入豆腐中間的凹洞，店家通常把豆腐剪開加入蒜泥和辣椒，把這部分畫出來，可以豐富這道小吃美味的細節。

POINT · 3

在線稿圖層下方開新圖層繪畫底色，把臭豆腐、盤子和泡菜的底色畫在不同圖層，方便之後添加細節。開新圖層用特調火絨盒畫在盤子的外圈，並使用塗抹工具搭配斑汙筆刷，將交界處顏色塗抹得更自然。

POINT · 4

在臭豆腐圖層上方開新圖層，開啓剪切遮罩功能，使用柔和粉彩筆刷疊加出褐色的陰影，側面顏色比頂部顏色深，中間凹洞顏色又比側面更深，可以用不同深淺的褐色做區隔。使用乾式墨粉，在豆腐旁邊畫出紅色辣椒醬，讓整體配色更豐富。

POINT · 5

在上方繼續開新圖層，開啓剪切遮罩功能，使用滴濺筆刷疊加出臭豆腐油炸後的酥脆質感，先選比底色深的褐色點在臭豆腐上，再慢慢調深顏色繼續疊加，也可選擇淺黃色交錯疊加，讓臭豆腐質感更明顯。

POINT．6

開新圖層，使用乾式墨粉筆刷，畫出每塊豆腐中間接近白色的蒜泥。再另外開新圖層，使用特調火絨盒畫出淋在豆腐上的醬汁，想增加醬汁透亮感，可使用 6B 鉛筆，以白色畫出醬汁的高光線條。

POINT．7

繼續在上方開新圖層，用乾式墨粉畫紅色辣椒，讓整體畫面更豐富。

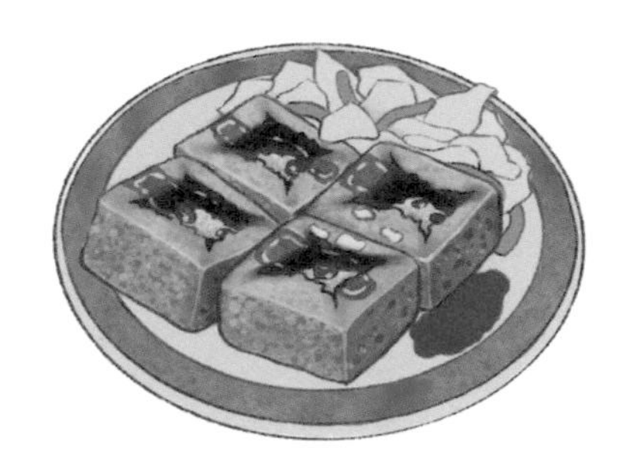

POINT．8

在泡菜上方開新圖層，選擇柔和粉彩筆刷，慢慢堆疊出泡菜和紅蘿蔔絲的陰影，可以加入一些線條，強調蔬菜紋理。

POINT．9

在辣椒醬上方開新圖層，用 6B 鉛筆繪製些許辣椒切片和辣椒籽，讓辣椒醬細節更豐富。

POINT．10

使用火絨盒筆刷和柔和粉彩筆刷，繪畫出盤子上的裝飾，也可以用 6B 鉛筆筆刷，強調更多盤子花紋細節。

挑扁擔沿路叫賣的古早味小吃

Tofu Pudding

豆花

1. 線稿繪製時強調食材形狀特色
2. 白色高光繪製晶亮色澤和 Q 彈感

濃郁的豆香與滑順綿軟的口感，搭配豐富配料、清甜糖水或熱薑汁一起享用，是台灣人心目中美好的古早味記憶。

據說豆花最早源自劉邦的孫子劉安，在把黃豆磨成漿時，不經意加入會讓豆漿凝固的食材，因此創造出軟嫩柔滑的豆花。台灣則是在國民政府遷至台灣時，由榮民開始製作並販賣這個家鄉小吃。早期豆花裝在木桶，小販擔著木桶沿街叫賣；後來有了方便的推車，當時小朋友們喜歡跟在小販旁邊喊著「豆花、車倒攤，一碗兩角半」，也因此成為大家耳熟能詳的童謠。

除了主角豆花，常見的配料有 Q 彈的珍珠、芋圓、蒟蒻和紅白小湯圓，及口感鬆軟綿密紅豆、綠豆、花豆和密芋頭等，在冷颼颼的冬天，很適合加入老薑熬煮成的薑汁一起享用，熱氣蒸騰的薑汁豆花配上香甜的佐料，瞬間讓身心都暖和起來。

建議使用筆刷

草稿與線稿 ▸ 6B 鉛筆

底色填充 ▸ 畫室畫筆

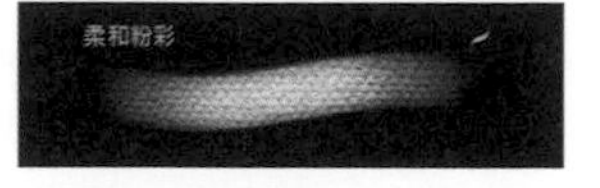

陰影 ▸ 柔和粉彩

陰影 ▸ 金圓水彩

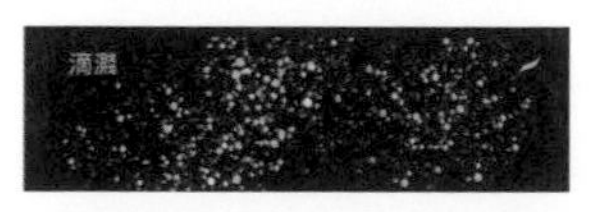

質感與高光 ▸ 滴濺／ 6B 鉛筆

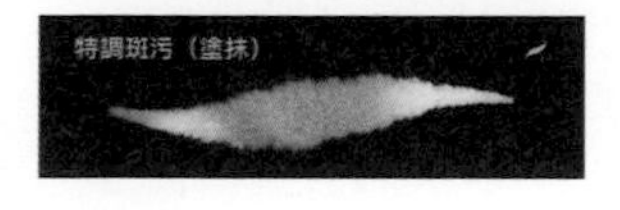

盤子花紋與裝飾 ▸ 特調火絨盒／特調斑污／ 6B 鉛筆

技法重點

POINT・1

使用快速繪圖形狀工具畫出碗，再開新圖層，畫出豆花與配料的位置，不用細畫。完成後把圖層透明度調淡，稍微看得出線條即可。

POINT・2

開新圖層，用深一點的顏色再繪製一次線稿，其中芋圓形似圓柱體，在畫線稿時先強調出來。在線稿圖層下方開新圖層繪畫底色，把每種配料的底色畫在不同圖層，方便之後添加陰影。甜湯使用特調火絨盒筆刷繪製，帶有透明感的質地很適合用這支筆刷來呈現。

POINT・3

在豆花底色圖層上方開新圖層，使用特調火絨盒筆刷畫出豆花的陰影，以及被湯覆蓋到的地方，搭配金圓水彩交替使用，再用塗抹工具搭配斑汙筆刷塗抹豆花與甜湯交界處，讓交界線更柔和；在芋圓底色圖層上開新圖層，使用柔和粉彩筆刷，慢慢疊畫出芋圓的陰影。

POINT・4

開新圖層，使用柔和粉彩筆刷，畫出每顆芋圓上的白色高光，強調晶亮色澤和 Q 彈質感，接著把原來芋圓內的黑色線稿擦除，讓畫面保持乾淨。

POINT・5

在紅豆和大紅豆底色上方開新圖層，用比底色深的紅色，以柔和粉彩筆刷慢慢疊色，畫出立體感，再開新圖層，用白色繪畫出高光。

POINT・6

在珍珠上方開新圖層，用比底色更深的黑色，以柔和粉彩筆刷疊畫出立體感，再開新圖層，用白色繪畫出高光，切換成 6B 鉛筆，在甜湯加一些白色線條，表現湯的光澤。在碗的底色上方開新圖層，使用柔和粉彩筆刷，以藍色和灰色畫出碗的陰影。

POINT・7

使用火絨盒筆刷，繪畫出碗側邊的藍色條紋，最後使用滴濺筆刷潑灑在豆花上，增加手繪質感。

食材和調味料是美味秘訣

Taiwanese Fried Chicken

鹽酥雞

1 漸近式疊加色彩製造自然陰影　2 描繪外框線，凸顯立體感

現炸的雞肉塊外酥內嫩，濃郁的胡椒和九層塔香氣搭配多汁的雞肉，是夜市最療癒身心的美食。

鹽酥雞最早出現在台南，靈感來自 1970 年代，駐台美軍引進台灣的美式炸雞。美式炸雞通常是大塊雞肉，不適合邊走邊吃，台灣攤販於是靈機一動，把雞肉切成小塊裝在紙袋附上竹籤，方便隨時享用。現在的鹽酥雞泛指各式炸物的總稱，除了基本的雞肉塊，還有豬血糕、花枝丸、銀絲卷和時令蔬菜。

近年有些夜市攤販更加入創意食材，將一般民眾熟悉的鹽酥雞做出變化，像是炸 Oreo、炸皮蛋、炸飛魚、炸蛋餅皮等等；還有零食廠商與美食連鎖店將鹽酥雞融入洋芋片、點心麵和披薩等產品，不只隨時都能品嚐到讓人上癮的鹹酥滋味，更深入民眾的日常生活中。

建議使用筆刷

草稿與線稿 ▸ 6B 鉛筆

底色填充 ▸ 畫室畫筆

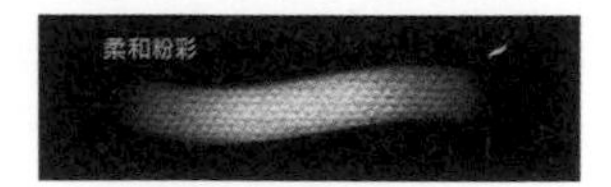

陰影 ▸ 柔和粉彩

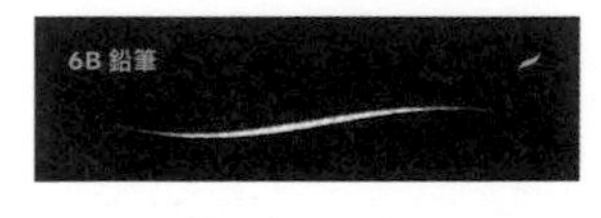

質感與高光 ▸ 滴濺／ 6B 鉛筆／特調火絨盒

技法重點

POINT · 1

用快速繪圖形狀工具，畫出最下面的紙袋。在這張作品中，我想放進鹽酥雞、豬血糕、甜不辣、四季豆、玉米筍和九層塔，找一些參考圖來觀察完每種食材的外型，接著安排各種炸物的大小和位置。加入更多炸物，把炸物位置調高一些，呈現堆疊到很高的視覺效果。

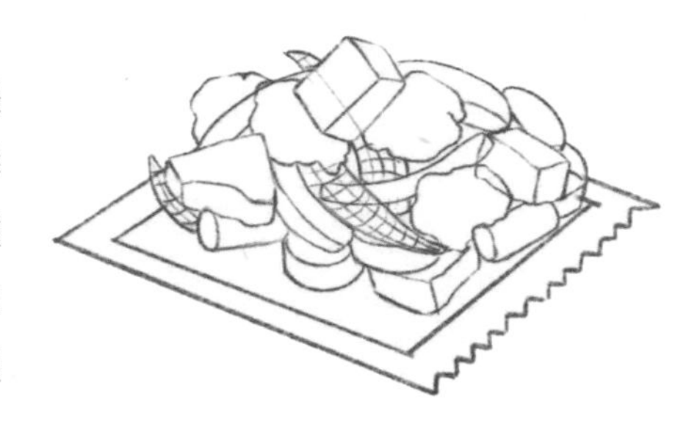

POINT · 2

在線稿圖層下方開新圖層繪畫底色，在鹽酥雞底色圖層上方開新圖層，開啟剪切遮罩功能，用柔和粉彩筆刷慢慢疊加出深褐色的陰影。

POINT · 3

在上方繼續開新圖層，開啟剪切遮罩功能，使用滴濺筆刷慢慢疊加出炸物的酥脆外皮質感，可交錯使用比底色深的褐色和比底色淺的橘黃色層層堆疊，讓粗糙質感更明顯。

POINT · 4

在豬血糕底色圖層上方開新圖層，開啓剪切遮罩功能，使用柔和粉彩筆刷慢慢疊加出黑色的陰影。

POINT · 5

在上方繼續開新圖層，開啓剪切遮罩功能，使用滴濺筆刷慢慢疊加出豬血糕表面的顆粒質感。在其他食材底色圖層上方開新圖層，選擇柔和粉彩筆刷，慢慢堆疊出陰影，讓立體感更加明顯。選擇 6B 鉛筆或特調火絨盒，選用白色加強食材高光。加強描繪每種食材外框線，讓立體感更明顯。

外酥內 Q 讓人停不了的街邊小吃

Sweet Potato Balls

地瓜球

學習要點

1 製造油炸後的酥脆質感 2 加強球體立體感

有著可愛與鮮豔的外型，且口感 Q 彈，吃起來酥脆不油膩，雖不易有飽足感，但還是忍不住一口接一口停不下來。

地瓜球的起源，據說是因爲政府在整治河灘地時，挖壞了一位老人家的地瓜田，被挖壞、碎掉的地瓜，老人只能丟進油鍋做成炸地瓜，由於香氣吸引人，大家品嘗過也覺得好吃，老人家便找了個攤位賣起炸地瓜，之後經過不斷改良，才有了大家熟悉的地瓜球。

一開始的炸地瓜，和後來大家熟悉的 Q 彈地瓜球不太一樣，現在的地瓜球，是將地瓜蒸熟後加入木薯粉、地瓜粉或太白粉揉成團，放入油鍋油炸，撈起之後，攤販老闆會做一個壓地瓜球的動作，這可不是噱頭，而是爲了讓地瓜球外形膨膨的又口感 Q 彈，由於吃起來口感 Q 彈，所以南部大多稱爲「QQ 蛋」而不是地瓜球。

建議使用筆刷

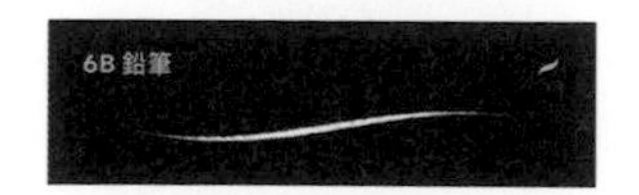

草稿與線稿 ▸ 6B 鉛筆

底色填充 ▸ 畫室畫筆

陰影 ▸ 柔和粉彩

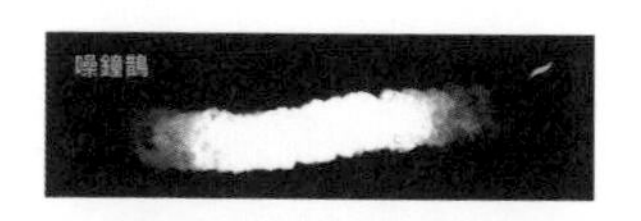

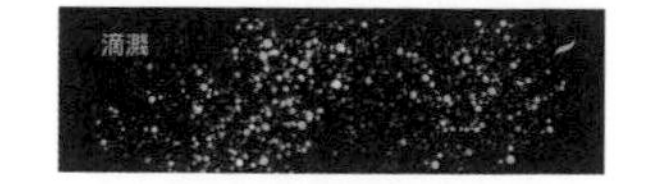

質感與高光 ▸ 噪鐘鵲／特調雜訊／滴濺

紙袋細節 ▸ 特調火絨盒

技法重點

POINT・1

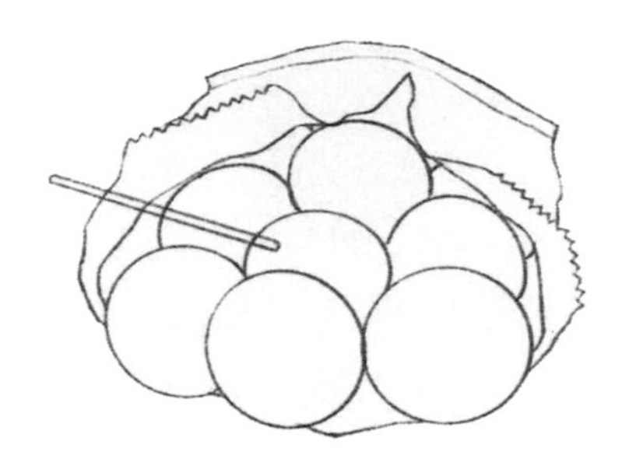

使用 6B 鉛筆，畫出撕開的紙袋，紙袋開口畫出鋸齒狀，更容易讓人聯想到裝著台式小吃的紙袋。畫出地瓜球和竹籤，每顆地瓜球稍微重疊，紙袋內部也要畫，這樣才有裝滿滿一袋的感覺。

POINT・2

在線稿圖層下方開新圖層，用畫室畫筆繪畫底色。完成後，在底色圖層上方開新圖層，開啓剪切遮罩功能，使用柔和粉彩筆刷疊加地瓜球的陰影。在上方繼續開新圖層，開啓剪切遮罩功能，使用噪鐘鵲筆刷，用更深的黃色和紫色疊加出油炸過的酥脆外皮質感，讓紋路更明顯。

POINT・3

在上方繼續開新圖層，開啓剪切遮罩功能，使用雜訊筆刷，用更深的顏色加強炸地瓜球表面的顆粒質感，接著選擇白色，點在地瓜球最亮的地方，加強球體立體感。

POINT・4

在上方繼續開新圖層，開啓剪切遮罩功能，使用滴濺筆刷慢慢點在地瓜球表面，製造更豐富有變化的質感。

POINT・5

在紙袋底色圖層上方開新圖層，選擇柔和粉彩筆刷，堆疊出深灰色陰影。使用深灰色加強紙袋邊緣和內部，讓凹陷處更明顯，可在紙袋上畫一些不規則的大小圓點，製造油漬沾到紙袋的感覺。

POINT・6

開新圖層，選擇火絨盒筆刷，用紅色繪畫出紙袋的花紋，也可以加強描繪整個插畫的外框線，讓輪廓更加明顯。

外酥內軟甜鹹口味都有

Taiwanese Churros

白糖粿

學習要點

1. 複製功能快速完成線稿
2. 點狀筆觸強調顆粒外觀

外表白胖呈不規則狀，由糯米粉製成，油炸後裹上白糖，外層蓬鬆香酥內軟 Q，外表質樸簡單，卻讓人一口口欲罷不能。

白糖粿是一種以糯米粉、水、糖混合揉製成的油炸糯米糰點心，未經油炸前類似麻糬、湯圓，在經過油炸後，則呈現外酥脆內軟的口感，是台南、高雄一帶著名的傳統小吃。這個樸實無華的小吃，原本是在七夕時，依傳統習俗製作成供品祭拜七星娘娘，之後因其美味，才慢慢演變成爲人所知的街頭小吃。

早期白糖粿通常捏製成扁長形，中間壓出傳說是給織女裝眼淚的小凹槽，接著下油鍋炸，炸到外表酥黃起鍋就完成了，隨著台灣物資不再缺乏，後來人們食用時，裹以糖粉和花生粉混合而成的沾粉。隨著時代的演變，除了外形多了捲成麻花的造型變化，口味上更出現麵茶、紫地瓜、阿華田、OREO 和抹茶等創意口味。

建議使用筆刷

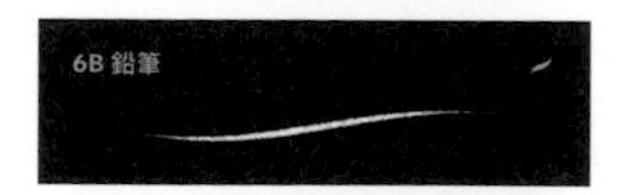

草稿與線稿 ▸ 6B 鉛筆

底色填充 ▸ 畫室畫筆

陰影 ▸ 柔和粉彩

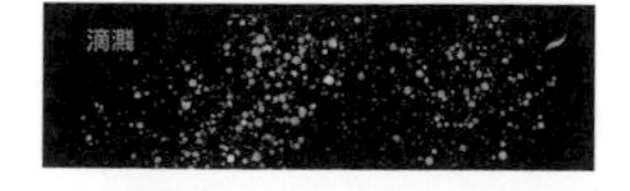

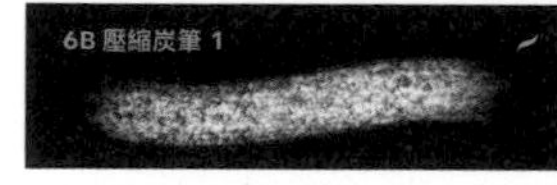

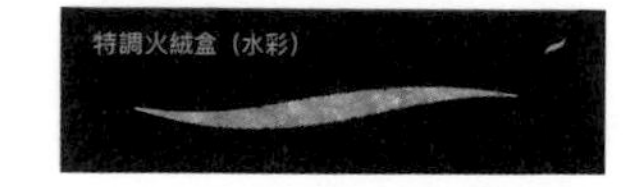

質感與高光 ▸ 滴濺／ 6B 壓縮炭筆／特調火絨盒／

質感與高光 ▸ 特調雜訊

技法重點

POINT · 1

用 6B 鉛筆畫出外盒形狀，再開新圖層畫出一塊白糖粿的形狀，稍後使用複製功能，複製兩次白糖粿圖層，分別往右邊移動後，再擦除多餘線條，最後加入盒子後方的線條與竹籤，即完成線稿。

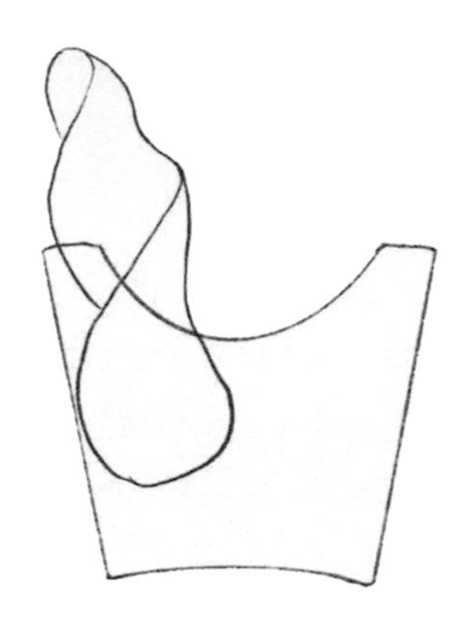

POINT · 2

線稿下方開新圖層，用畫室畫筆填充底色，三塊白糖粿口味不同，把三塊粿的底色畫在不同圖層。在紙盒底色和白糖粿底色上方開新剪切遮罩圖層，用柔和粉彩筆刷加入淺淺的陰影。

POINT · 3

在每塊底色上方開新圖層，開啓剪切遮罩功能，使用雜訊筆刷畫出糖粉。原味用米黃色、花生口味可用土黃色、芝麻口味可用灰色與黑色堆疊顆粒狀的糖粉，也可以用白色堆疊，增加層次感。

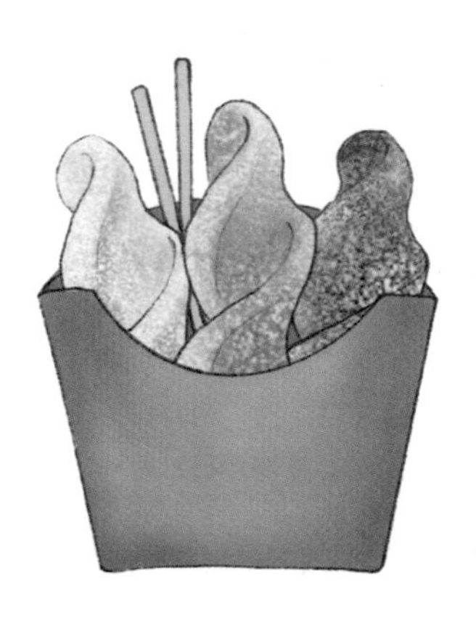

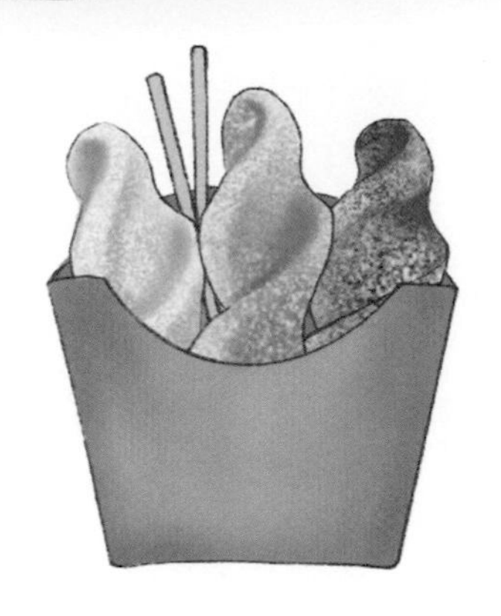

POINT · 4

在上方繼續開新圖層，開啓剪切遮罩功能，使用柔和粉彩筆刷堆疊出更深的陰影，可以特別加強白糖粿扭轉的地方，強調出立體感。

POINT · 5

在最上方開新圖層，選擇火絨盒筆刷，使用點狀的筆觸畫在白糖粿上。加深盒子內部的顏色，製造凹陷效果。也可以使用更深的顏色描繪白糖粿的輪廓，讓線條更加明顯。

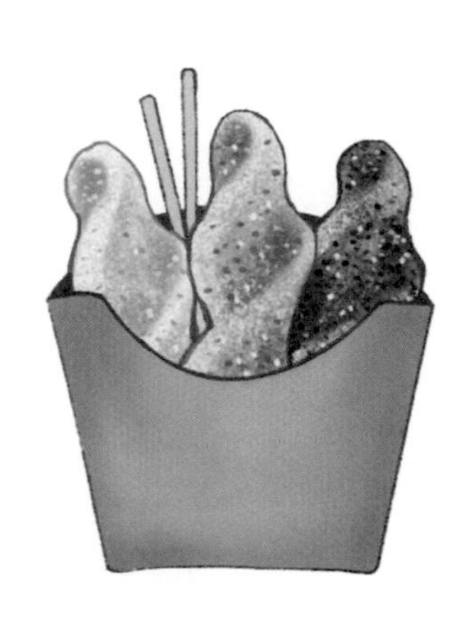

POINT · 6

繼續在頂端開新圖層，使用火絨盒筆刷，畫出紙盒上紅色的方框，寫上白糖粿。想讓文字更整齊，可先添加文字圖層，打好文字再把文字圖層透明度調低，開新圖層重新描繪一次。

POINT · 7

使用 6B 壓縮炭筆，用咖啡色畫在紙盒的周邊，強調復古質感；也可使用滴濺筆刷，將淺米色或白色點在紙盒上，讓紙盒顏色與層次更豐富。

不一定營養卻能一解鄉愁的三明治

Fried Sandwich With Salad

營養三明治

學習要點

1. 分層填色，讓畫面更乾淨
2. 利用滴濺筆刷製造顆粒質感

營養三明治用的是長橢圓麵包，並裹粉下鍋油炸至金黃香酥，內夾滷蛋、醃黃瓜、新鮮番茄等餡料，口感相當豐富。

營養三明治是基隆夜市有名特色小吃，是由炸麵包、黃瓜、番茄、滷蛋、火腿、番茄與美乃滋組成，和印象中的三明治長得完全不一樣，就現在人眼光來看，一點都不營養的營養三明治，源自1950、60年代，當時基隆爲重要港口，常有美軍出沒，這些軍人想念家鄉味道，在語言不通的情況下，經過一陣雞同鴨講，便誕生了營養三明治。

會命名爲「營養三明治」其實與當時大力推廣麵粉的時代背景有很大的關係，在那個年代，普遍認爲麵粉製成的麵包具有高營養價值，也因此實則是由炸麵包製成，看起來和營養無關的三明治，才會被冠上營養兩個字。

建議使用筆刷

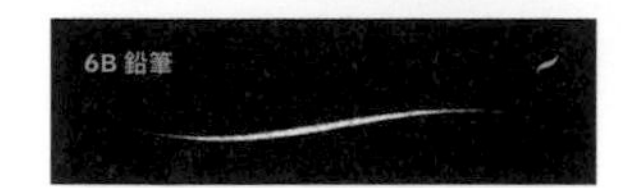

草稿與線稿 ▸ 6B 鉛筆

底色填充 ▸ 畫室畫筆

陰影 ▸ 柔和粉彩

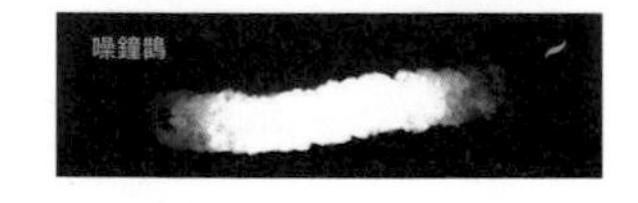

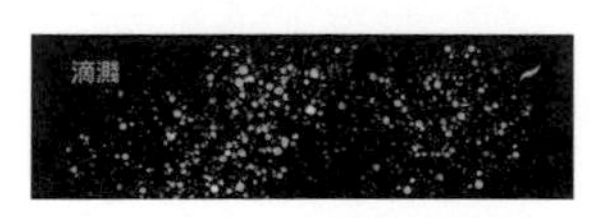

質感與高光 ▸ 噪鐘鵲／滴濺

高光與線稿細節 ▸ 特調火絨盒

技法重點

POINT · 1

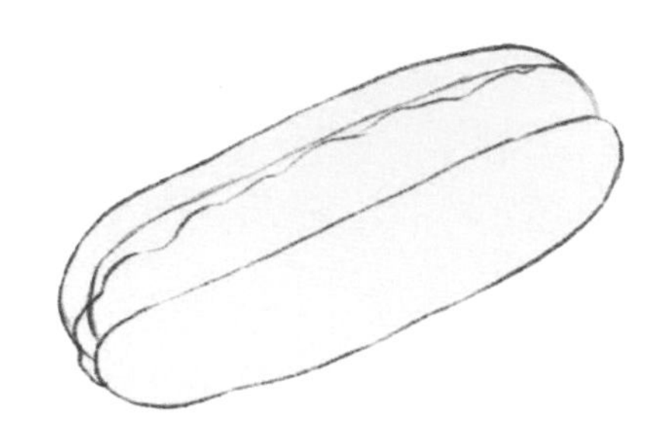

用6B鉛筆，畫出麵包的形狀和中間的美乃滋內餡。

POINT · 2

開新圖層，繪畫出夾心的小黃瓜、番茄、滷蛋與火腿切片，並擦除多餘的線條，美乃滋稍微溢出麵包邊緣，可更強調美味可口的感覺。

POINT · 3

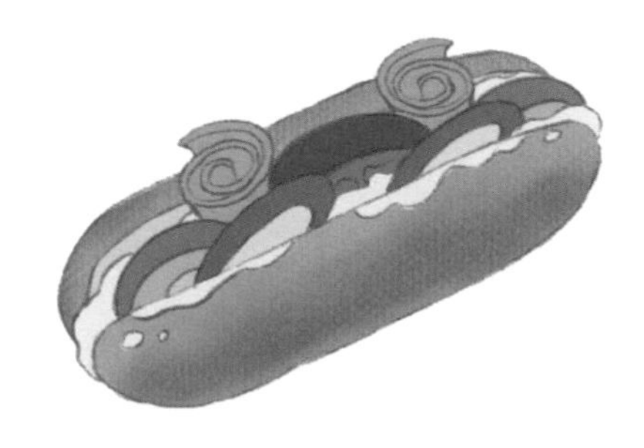

在線稿圖層下方開新圖層，用畫室畫筆繪畫底色，每種食材底色畫在不同圖層。在麵包的底色圖層上方開新圖層，開啓剪切遮罩功能，使用柔和粉彩筆刷，以深咖啡色疊加出麵包下方的陰影。

POINT · 4

在上方繼續開新圖層，開啓剪切遮罩功能，使用噪鐘鵲筆刷，用淺黃色疊刷出油炸麵包的酥脆外皮質感，並用滴濺筆刷繼續點綴在麵包上，製造帶有顆粒的紋路與質感。

POINT · 5

在上方開新圖層，選擇火絨盒筆刷，用深咖啡色稍微描繪出麵包外皮的顆粒質感，也能將麵包的輪廓描繪得更清晰。

POINT · 6

在滷蛋與番茄底色上方開新圖層，開啓剪切遮罩功能，使用柔和粉彩筆刷疊刷，繪製滷蛋和番茄的陰影；滷蛋陰影用咖啡色堆疊，番茄則用深紅色與少許的綠，呈現自然的漸層。在小黃瓜與火腿片底色上方開新圖層，開啓剪切遮罩功能，使用柔和粉彩筆刷疊刷，繪畫出這兩種食材的陰影與立體感。

POINT · 7

在頂端開新圖層，選擇火絨盒筆刷，用白色繪畫出每種食材的高光，呈現有油光的可口質感。在頂端開新圖層，選擇火絨盒筆刷描繪出每種食材的輪廓，比如以酒紅色描繪番茄，以深咖啡色描繪滷蛋，以深粉紅色描繪火腿片並以深綠色描繪小黃瓜，讓整體的顏色更加自然。

口味酸甜多變，外型也鮮豔討喜

Tanghulu

糖葫蘆

學習要點

1. 調整透明度與筆觸繪畫，讓光澤更自然
2. 重描線稿，凸顯輪廓線

糖葫蘆又可稱爲冰糖葫蘆，這是因爲在食材上裹著一層糖殼，看起來很像結在果子表面的一層冰。

台灣夜市小吃，除了有塡飽肚子的鹹食，一路閒逛嚐試各式各樣具有特色的甜品小吃，更是逛夜市的樂趣，其中外型可愛、顏色鮮豔，吃起來酸甜的糖葫蘆，就是很受歡迎的小吃之一。不過看起來討喜，還方便拿著邊走邊吃的糖葫蘆，其來源不只可追朔到宋朝，還是從王宮裡流傳出來的一種吃食。

相傳在南宋時代，一位皇帝的寵妃病了，終日不思飲食，名醫皆醫治不了，後來由民間的江湖郎中治好了寵妃，當時郎中開的方子就是山楂加紅糖熬煮，後來傳入民間，便成了現在的糖葫蘆。隨著時間演變，外型變化不大，但食材上則變得多彩多姿，除了傳統的山楂，還有番茄、草莓等水果，還會加入各種酸甜的乾果、餡料。

建議使用筆刷

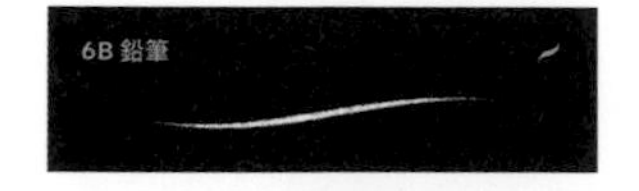

草稿與線稿 ▸ 6B 鉛筆／特調火絨盒

底色塡充 ▸ 畫室畫筆

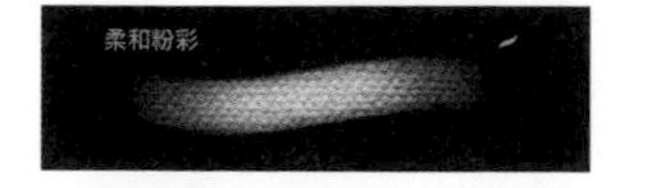

陰影 ▸ 柔和粉彩

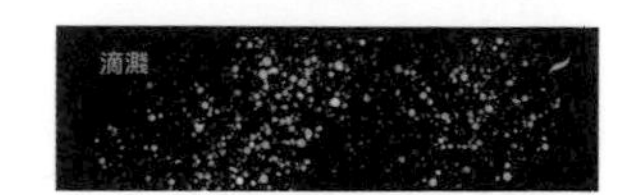

質感 ▸ 6B 壓縮炭筆／滴濺

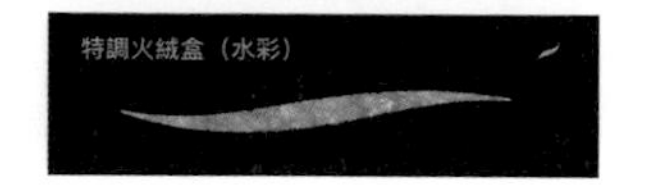

高光與細節 ▸ 特調火絨盒

技法重點

POINT · 1

用 6B 鉛筆輕輕畫出三串糖葫蘆的位置和水果的草稿，再將圖層透明度調淡。

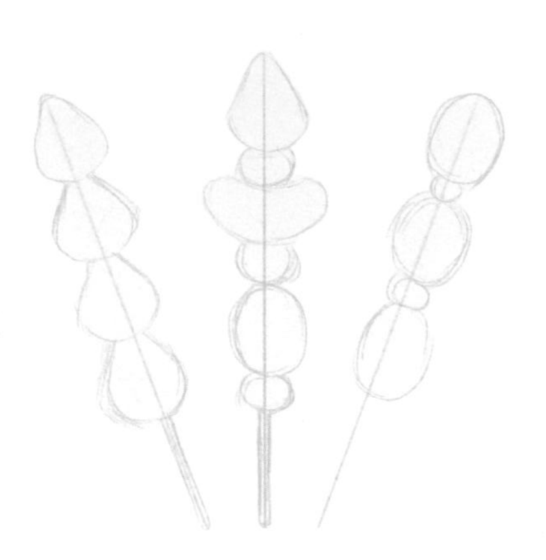

POINT · 2

開新圖層，用深一點的顏色重新描繪一次線稿，讓輪廓線更清晰。

POINT · 3

在線稿下方開新圖層，用畫室畫筆填充底色。把每種水果底色分別畫在不同圖層，方便稍後添加陰影與質感。

POINT．4

在每種水果底色上方開新圖層，開啓剪切遮罩功能，使用柔和粉彩筆刷，用比底色深的顏色，繪製出水果的陰影。

POINT．5

在草莓陰影圖層上方繼續開新圖層，開啓剪切遮罩功能，使用火絨盒筆刷，選擇白色和淺黃色繪出包裹草莓的晶亮糖衣，適時調整筆刷透明度，以不同透明度與長短的筆觸繪畫，光澤會更自然。

POINT · 6

在番茄陰影上方開新圖層，以繪製草莓糖衣一樣的顏色和方法，繪畫包裹番茄的糖衣，記得每顆番茄的高光亮點都在差不多的位置。

POINT · 7

在橘子陰影上方開新圖層，使用火融盒筆刷，以白色描繪橘子細細的纖維。

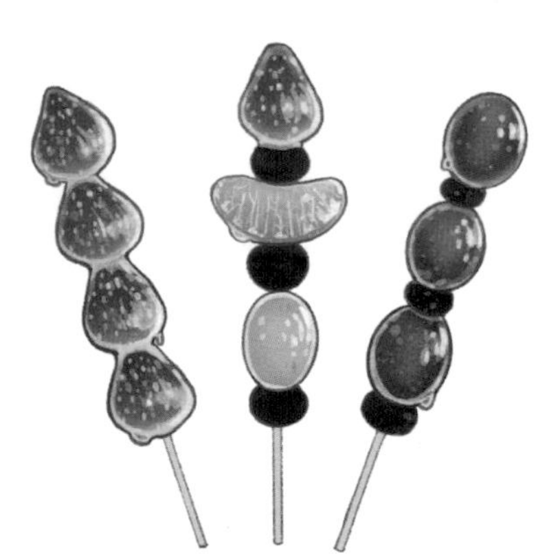

POINT · 8

繼續在上方開新圖層，以點狀或塊狀的筆觸，用白色繪製出包裹橘子與綠葡萄的糖衣。

POINT・9

開新圖層，使用火絨盒筆刷，繪製出蜜餞的黑色的輪廓與皺褶。串的過程蜜餞會被擠壓，強調皺褶，看起來會更擬真。

POINT・10

繼續使用火絨盒筆刷，以白色和黃色繪製出包裹蜜餞的糖衣，並以深咖啡色描繪竹籤輪廓線。最後可用滴濺筆刷，以白色點在每種水果上，強調脆硬糖衣的晶亮質感。

匯集北中南食材特色

Oyster Vermicelli

蚵仔麵線

學習要點

1. 利用快速繪圖形狀工具繪製工整的形狀
2. 使用滴濺筆刷，增加筆觸豐富度

早期麵線通常不加配料，但流傳至各地後，便會依各區域特色和民情發展，加入各式配料，從而衍生出各地獨有的口味。

早期農業社會，經常使用便宜、隨手可得的食材，來達到飽足目的，其中由麵線煮成的麵線糊，便是經常出現的料理之一，一般麵線糊不加任何配料，但在盛產鮮蚵的地方，會加入鮮蚵來豐富口感，同時提供更多營養。於是麵線糊傳到不同的地區，配料也會隨著當地盛產食材及其口味而有所改變。

現在夜市裡最常見的是麵線裡加蚵仔，但其實在不同地方，麵線裡的配料也不太一樣，像是中部配料以大腸、蚵仔、肉羹、小腸等食材居多；而在蚵仔麵線裡加入魚羹、肉羹和大腸等配料，則是南部麵線的特色。

建議使用筆刷

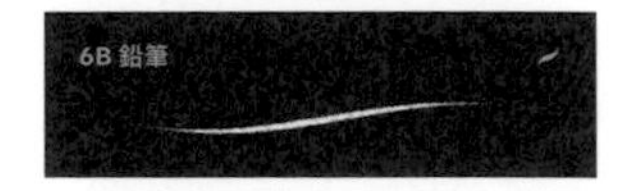

草稿與線稿 ▸ 6B 鉛筆／特調火絨盒

底色填充 ▸ 畫室畫筆

陰影 ▸ 柔和粉彩

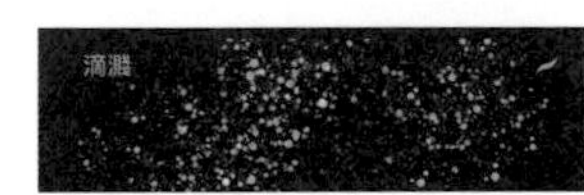

質感 ▸ 滴濺

高光與細節 ▸ 特調火絨盒

技法重點

POINT・1

用 6B 鉛筆繪畫草稿，碗以快速繪圖形狀工具繪製出工整的形狀，再開新圖層畫出麵線和其他食材，並將草稿圖層透明度調低，能看出淡淡線條即可。

POINT・2

開新圖層，用深一點的顏色與更乾淨的筆觸重新描繪一次線稿，讓輪廓線更加清晰。

POINT・3

在線稿下方開新圖層，用畫室畫筆填充底色，把每種食材底色分別畫在不同圖層，食材較多，步驟比較繁複，但比較方便接下來添加陰影與質感。

POINT・4

在碗和麵線底色上方開新圖層，開啓剪切遮罩功能，使用柔和粉彩筆刷，用比底色深的顏色繪製陰影。先將筆刷尺寸調粗，大範圍刷過有陰影地方，再漸漸把筆刷尺寸調細，顏色調深，畫在較小的範圍，創造立體感。

POINT・5

在蚵仔和大腸底色圖層上方開新圖層，開啓剪切遮罩功能，繼續使用柔和粉彩筆刷疊色。蚵仔的陰影用偏藍的深灰色，大腸用咖啡色層層堆疊。

POINT · 6

在香菜、蒜泥與辣椒醬底色圖層上方開新圖層，開啓剪切遮罩功能，使用柔和粉彩筆刷層層疊色，製造出立體感。醬料先不用畫出細節，稍後再用別的筆刷強調。

POINT · 7

在最頂端開新圖層，使用火絨盒筆刷，以白色繪畫出每種食材的光澤，蚵仔可以特別強調前端圓滑的部份，大腸則是側面皺褶處，都可加入一些高光做強調。

POINT · 8

繼續在頂端開新圖層，使用火絨盒筆刷，用比底色和陰影更深的顏色，再描繪一次每種食材的輪廓線，以及蒜泥的顆粒狀，讓線條與質感更明顯；也可以使用滴濺筆刷，點綴在每種食材上，增加筆觸豐富度。

POINT・9

繼續使用火絨盒筆刷，用深咖啡色描繪每根麵線，凸顯細節。在湯的底色上方開新剪切遮罩圖層，選擇不同深淺的褐色，用柔和粉彩輕輕刷過，讓湯的顏色更有層次與變化。

appendix

附錄

❶線稿使用方法：用 iPad 掃描 QR code 並下載圖檔後，於 Procreate 中點選扳手操作 → 添加 → 插入一張照片，即可將線稿匯入圖層使用。線稿記得置於圖層頂端，著色圖層在下方，線條才不會被蓋過。

❷調色板使用方法：與筆刷下載方式相同，iPad 掃描 QR code 後，點選雲端右上方的⋯按鈕，選擇開啓方式 → 點選 Procreate 的 icon，調色板便會自動匯入 Procreate。（進入 Procreate 調色板模式並拉到最下方，即可看到剛剛下載的檔案）

-01-
雞排
線稿　調色板

-02-
珍珠奶茶
線稿　調色板

-03-
火雞肉飯
線稿　調色板

-04-
車輪餅
線稿　調色板

-05-
小籠包
線稿　調色板

-06-
台式可麗餅
線稿　調色板

-07-
蔥油餅
線稿　調色板

-08
芒果冰
線稿　調色板

-09-
木瓜牛奶
線稿　調色板

-10-
蚵仔煎
線稿　調色板

-11-
肉羹湯
線稿　調色板

-12-
鱔魚意麵
線稿　調色板

-13-
棺材板

線稿　調色板

14-
潤餅／春捲

線稿　調色板

-15-
天婦羅

線稿　調色板

16-
筒仔米糕

線稿　調色板

-17-
黑糖糕

線稿　調色板

-18-
滷肉飯

線稿　調色板

-19-
土魠魚羹

線稿　調色板

-20-
刈包

線稿　調色板

-21-
大腸包小腸

線稿　調色板

-22-
夜市牛排

線稿　調色板

-23-
臭豆腐

線稿　調色板

-24-
豆花

線稿　調色板

-25-
鹽酥雞

線稿　調色板

-26-
地瓜球

線稿　調色板

-27-
白糖粿

線稿　調色板

-28-
營養三明治

線稿　調色板

-29-
糖葫蘆

線稿　調色板

-30-
蚵仔麵線

線稿　調色板

用 iPad 電繪夜市美食！ Rose 的療癒 Procreate 插畫課

2023 年 08 月 01 日初版第一刷發行

作　　者　Rose 邱湘涵
編　　輯　王玉瑤
封面・版型設計　謝小捲
特約美編　梁淑娟
發 行 人　若森稔雄
發 行 所　台灣東販股份有限公司
　　　　　＜地址＞台北市南京東路 4 段 130 號 2F-1
　　　　　＜電話＞(02)2577-8878
　　　　　＜傳真＞(02)2577-8896
　　　　　＜網址＞ http://www.tohan.com.tw
郵撥帳號　1405049-4
法律顧問　蕭雄淋律師
總 經 銷　聯合發行股份有限公司
　　　　　＜電話＞(02)2917-8022

用 iPad 電繪夜市美食！
Rose 的療癒 Procreate 插畫課 /Rose 邱湘涵作 .
-- 初版 . -- 臺北市 :
臺灣東販股份有限公司 , 2023.07
224 面 ; 17×23 公分
ISBN 978-626-329-894-1(平裝)

1.CST: 電腦繪圖 2.CST: 繪畫技法

312.86　　　　　　　112008655